巅/峰/对/决/系/列

世界经典战机

巅峰对决

军情视点 编

化学工业出版社

·北京·

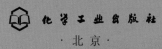

本书精心选取了第二次世界大战后世界各国建造的数十种经典战机，按战机类型将其分为若干小组，从基本参数、建造背景、机体构造、机载武器、动力装置、航电设备等各个方面进行全方位对比介绍，并以图表的形式对每组战机的各项基本参数进行比较。全书文字通俗易懂，每种战机都配有大量精美的图片，包括整体展示图、局部特写图、3D模型图、结构图等。

本书不仅是广大青少年朋友学习军事知识的不二选择，也是军事爱好者收藏的绝佳对象。

图书在版编目 (CIP) 数据

世界经典战机巅峰对决 / 军情视点编 . —北京：化学工业出版社，2018.4
（巅峰对决系列）
ISBN 978-7-122-31719-3

Ⅰ．①世… Ⅱ．①军… Ⅲ．①歼击机—介绍—世界 Ⅳ．① V271.4

中国版本图书馆 CIP 数据核字（2018）第 046420 号

责任编辑：徐　娟　　　　　　　　　　装帧设计：卢琴辉
责任校对：宋　玮　　　　　　　　　　封面设计：刘丽华

出版发行：化学工业出版社（北京市东城区青年湖南街 13 号　邮政编码 100011）
印　　装：中煤（北京）印务有限公司
710mm×1000mm　1/16　印张 14　字数 250 千字　2018 年 5 月北京第 1 版第 1 次印刷

购书咨询：010-64518888（传真：010-64519686）　　售后服务：010-64518899
网　　址：http://www.cip.com.cn
凡购买本书，如有缺损质量问题，本社销售中心负责调换。

定　　价：68.00 元

Preface 前 言

在飞机诞生之初，它基本上是一种娱乐的工具，主要用于竞赛和表演。但是当第一次世界大战爆发后，这种"会飞的机器"逐渐被派上了用场。先是用于侦察，作为陆军部队的耳目；继而装上机枪，专门进行空中格斗；后来又带上炸弹，去轰炸敌方的地面阵地。随着飞机家族的不断壮大，飞机与战争的联系也越来越紧密。

战机应战争的需求而飞速发展，并不断改变着战争的形态。到第二次世界大战时，战机已经成为决定战争胜负的重要力量之一。时至今日，战机已经经历了100多年血与火的洗礼，从最开始的协助陆军作战到后来自成一个大军种，其军事作用可想而知。近年来的一些局部战争甚至完全通过空中打击来实现战略目标。随着各种高新技术的不断加入，战机在战争中的地位势必越来越重要。

本书精心选取了第二次世界大战以后世界各国建造的数十种经典战机，按战机类型将其分为若干小组，从基本参数、建造背景、机体构造、机载武器、动力装置、航电设备等各个方面进行全方位对比介绍，并以图表的形式对每组战机的各项基本参数进行比较。全书文字通俗易懂，每种战机都配有大量精美的图片，包括整体展示图、局部特写图、3D模型图、结构图等。通过阅读本书，读者可以全面了解世界各国战机的发展情况和实力对比。

作为传播军事知识的科普读物，最重要的就是内容的准确性。本书的相关数据资料均来源于国外知名军事媒体和军工企业官方网站等权威途径，坚决杜绝抄袭拼凑和粗制滥造。在确保准确性的同时，我们还着力增加趣味性和观赏性，尽量做到将复杂的理论知识用简明的语言加以说明，并添加了大量精美的图片。因此，本书不仅是广大青少年朋友学习军事知识的不二选择，也是军事爱好者收藏的绝佳对象。

参加本书编写的有丁念阳、杨淼淼、黎勇、王安红、邹鲜、李庆、王楷、黄萍、蓝兵、吴璐、阳晓瑜、余凑巧、余快、任梅、樊凡、卢强、席国忠、席学琼、程小凤、许洪斌、刘健、王勇、黎绍美、刘冬梅、彭光华、邓清梅、何大军、蒋敏、雷洪利、李明连、汪顺敏、夏方平、祝如林、杨晓峰、张明芳、易小妹等。

由于时间仓促，加之军事资料来源的局限性，书中难免存在疏漏之处，敬请广大读者批评指正。

编　者

2018年1月

Contents 目 录

Contents 目 录

第1章 战机概述

战机是用于保护我方运用空权以及摧毁敌人使用空权能力的军用机种。为了满足这个目标，需要强调飞机的运动能力、速度以及火力等性能。现代的先进战机多配备各种搜索、瞄准火控设备，能全天候攻击所有空中目标。

1.1 战机的发展历史

1903年12月17日，美国莱特兄弟制造出世界上第一架真正意义上的飞机，一个崭新的时代自此开始。1909年，美国陆军装备了第一架战机，最大速度达68千米/小时。同年美国又制成了1架双座莱特A型飞机，用于训练飞行员。

第一次世界大战（以下简称一战）初期，飞机主要负责侦察、运输、校正火炮等辅助任务。当一战转入阵地战以后，交战双方的侦察机开始频繁活动起来。为了有效地阻止敌方侦察机执行任务，各国开始研制适用于空战的飞机。

世界上公认的第一种战斗机是法国的莫拉纳·索尔尼埃L型飞机。它由于装备了法国飞行员罗朗·加罗斯的"偏转片系统"，解决了一直以来机枪子弹被螺旋桨干扰的难题。随后，德国研制出更加先进的"射击同步协调器"并安装在"福克"战斗机上，成为当时最强大的战斗机。"福克"战斗机的出现，从根本上改变了空战的方式，提高了飞机空战能力，从此确立了战斗机武器的典型布置形式。

"福克"战斗机

随着一战中空战的日趋激烈，战机从此走上了"机动、信息、火力三者并重"的发展轨迹，在速度、高度和火力等方面不断改进。一战结束时，战斗机的最大飞行速度已达到200千米/小时，升限高度达6千米，重量接近1000千克，发动机功率169千瓦，大多配备7.62毫米的机枪。总体来说，战机在一战中的地位是从反对到不重视，再到重视，其地位的不断发展也为以后的战争方式奠定了基础。

在第二次世界大战（以下简称二战）中，战机开始成为战争的主角。由于在一战中后期战机的战略作用被各个国家所认识，到二战开始时，战机已经得到了很好的发展，各种不同作战用途的战机也应运而生，如攻击机、截击机、战斗轰炸机、俯冲轰炸机、鱼雷轰炸机等。

由于二战期间各种舰船（包括航空母舰）得到了大范围的使用，这也使得各种舰载机在战斗中具有巨大的发挥空间，往往是各种海战的主导者。战机性能方面，二战期间的战斗机的最大速度已达700千米/小时，飞行高度达11千米，重达6000千克，所用活塞式航空发动机制功率接近1470千瓦。瞄准系统已有能做前置量计算的陀螺光学瞄准具。

二战末期，德国开始使用Me 262喷气式战斗机，最大飞行速度达960千米/小时。战后，喷气式战斗机普遍代替了活塞式战斗机，飞行速度和高度迅速提高。

20世纪50年代初，首次出现了喷气式战斗机空战的场面。苏联制造的MIG-15"柴捆"和美国制造的F-86"佩刀"都采用后掠后翼布局，飞行速度都接近音速，飞行高度达到15千米。机载武器已发展到20毫米以上的机炮，瞄准系统中装有雷达测距器。

F-86战斗机（左）与D-558-II飞机（右）

带加力燃烧室外的涡轮喷气发动机便于改善飞机外形，战斗机的速度很快突破了音障。20世纪60年代以后，战斗机的最大速度已超过两倍音速，配备武器已从机炮、火箭发展为空对空导弹。

20世纪60年代中期，以苏联MiG-25和美国YF-12为代表的战斗机的速度超过3倍音速，作战高度约23千米，重量超过30吨。但是60年代后期越南战争、印巴战争和中东战争的实践表明，超音速战斗机制空战大多是在中、低空，接近音速的速度进行的。空战要求战机具有良好的机动性，即转弯、加速、减速和爬升性能。装备的武器则是机炮和导弹并重。因此，此后新设计的战斗机不再追求很高的飞行速度和高度，而是着眼于改进飞机的中、低空机动能力，完善机载电子设备、武器和火力控制系统。

苏联/俄罗斯MiG-25战斗机

21世纪初，战机大多具备多功能性，更加强调作战任务的灵活性，既能同对手进行空战，又拥有强大的对地攻击火力，能以尽量少的架次完成尽量多的任务，在执行任务中能够接受临时赋予的其他任务，甚至能够先空战再对地攻击。从现代空战的角度来看，未来空中战场不外乎是信息、机动和火力综合优势的争夺。未来战机系统之间的整体对抗，将表现为多机编队对信息、火力和机动的综合利用。

美国F-35战斗机生产线

1.2 战机的分类

■ 战斗机

战斗机又称为歼击机，具有火力强、速度快、机动性好等特点，主要任务是与敌方战斗机进行空战，夺取空中优势（制空权）。其次是拦截敌方轰炸机、攻击机和巡航导弹，还可携带一定数量的对地攻击武器，执行对地攻击任务。

美国F-16战斗机

■ 攻击机

攻击机又称为强击机，具有良好的低空操纵性、安定性和良好的搜索地面小目标能力，可配备品种较多的对地攻击武器。为提高生存力，一般在其要害部位有装甲防护。攻击机主要用于从低空、超低空突击敌战术或浅近战役纵深内的目标，直接支援地面部队作战。

美国A-10攻击机

■ 轰炸机

轰炸机是从空中对地面或水上、水下目标进行轰炸的战机，有装置炸弹、导弹等的专门设备和防御性的射击武器。轰炸机具有突击力强、航程远、载弹量大等特点，是航空兵实施空中突击的主要机种。

英国"火神"轰炸机

■ 武装直升机

武装直升机又称攻击直升机，是一种装备进攻性武器、为执行作战任务而研制的军用直升机。主要用于攻击地面目标，如步兵、装甲车辆和建筑，其主要武器为机炮和机枪、火箭以及精密制导导弹。很多武装直升机也可以装备对空导弹，但主要用于自卫。

美国AH-64"阿帕奇"武装直升机

■ **无人作战飞机**

　　无人作战飞机是指无人驾驶的战机，其战术技术性能的优越性主要体现在卓越的隐身性能和超强的机动性能上。除了可以完成普通无人机所能完成的像侦察、无线电中继、电子干扰这样的常规任务以外，无人作战飞机还可用于完成很多现在由载人驾驶飞机和导弹执行的作战任务。

美国MQ-1"捕食者"无人机

1.3 战机相关名词

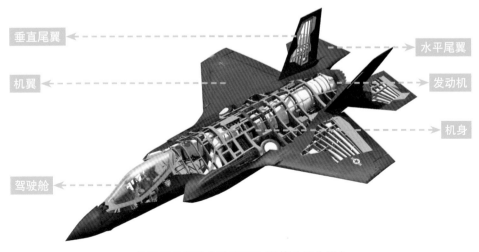

战机相关名词（以美国F-35战斗机为例）

■ 机翼

机翼的主要功用是为飞机提供升力，以支持飞机在空中飞行，也起一定的稳定和操纵作用。在机翼上一般安装有副翼和襟翼。操纵副翼可使飞机滚转；放下襟翼能使机翼升力系数增大。另外，机翼上还可安装发动机、起落架和油箱等。

■ 机身

机身的主要功用是装载士兵、武器和各种设备；还可将战机的其他部件如尾翼、机翼及发动机等连接成一个整体。

■ 尾翼

尾翼包括水平尾翼（平尾）和垂直尾翼（垂尾）。水平尾翼由固定的水平安定面和可动的升降舵组成，战机的整个平尾都是可动的控制面，没有专门的升降舵。垂直尾翼则包括固定的垂直安定面和可动的方向舵。尾翼的主要用途是操纵飞机俯仰和偏转，以及保证飞机能平稳地飞行。

■ 起落架

起落架用来支撑飞机并使它能在地面和其他水平面起落和停放。陆上飞机的起落装置一般由减振支柱和机轮组成，此外还有专供水上飞机起降的带有浮筒装置的起落架和雪地起飞用的滑橇式起落架。它是在飞机起飞与着陆滑跑、地面滑行和停放时用来支撑飞机的。

巨型起落架

■ 动力装置

动力装置主要用来产生拉力或推力，使飞机前进。现代战机的动力装置主要包括涡轮发动机和活塞发动机两种，应用较广泛的动力装置有四种：航空活塞式发动机加螺旋桨推进器；涡轮喷射发动机；涡轮螺旋桨发动机；涡轮风扇发动机。

F-22战斗机使用的普惠公司F119-PW-100涡扇发动机

■ 操纵装置

现代战机的操纵装置主要在驾驶舱，主操纵装置包括驾驶杆或驾驶盘、方向舵脚蹬、油门杆和气门杆。在某些采用电传操纵系统的飞机上，驾驶杆或驾驶盘已经被简化成位于驾驶员侧方的操纵杆。辅助操纵装置为襟翼手柄、配平按钮、减速板手柄。

美国F-22战斗机的驾驶舱

第2章 战斗机巅峰对决

战斗机是用于在空中消灭敌机和其他飞航式空袭兵器的军用飞机。二战时期曾被广泛称为驱逐机。战斗机的主要任务是与敌方战斗机进行空战，夺取制空权。

2.1 喷气典型：
苏联MiG-15 VS 美国F-86 "佩刀"

苏联MiG-15战斗机和美国F-86战斗机是第一代喷气式战斗机的典型代表。前者是苏联制造数量最多的一种喷气式战斗机，具有优异的飞行和作战性能；后者是美国早期设计最为成功的喷气式战斗机，也是世界上第一架在俯冲时达到超音速的飞机。MiG-15战斗机的37毫米机炮可轻松地击穿F-86战斗机的飞机装甲，虽然在水平盘旋、俯冲加速性和作战半径上不如F-86战斗机，但由于推重比大，爬升性能出众，因此在垂直机动性方面压倒了美国当时的所有同类飞机。

MiG-15战斗机示意图

F-86 "佩刀" 战斗机示意图

MiG-15战斗机

F-86战斗机

■ 基本参数对比

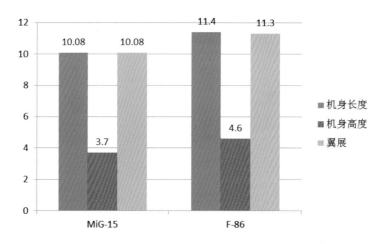

战斗机尺寸对比（单位：米）

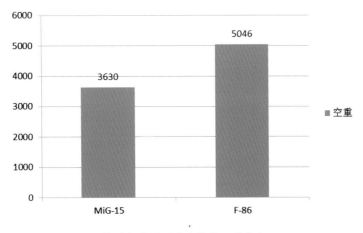

战斗机空重对比（单位：千克）

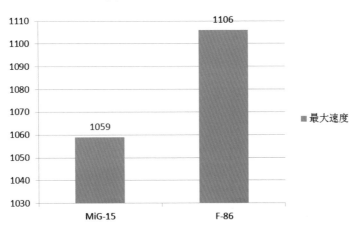

战斗机最大速度对比（单位：千米/小时）

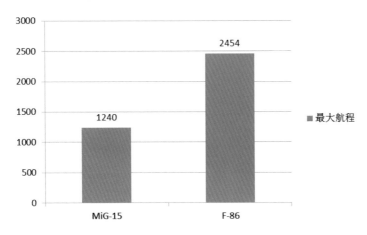

战斗机最大航程对比（单位：千米）

■ 建造背景概述

苏联MiG-15战斗机

MiG-15为高亚音速喷气式战斗机，于1946年开始研制，其设计受到德国Ta 183（代号"乌鸦"）试验机的影响。该机的研发初期进展并不顺利，主要受限于发动机技术，直至英国政府同意出售英国制的两款离心式喷气发动机后才有突破。1947年6月，MiG-15进行了首次试飞。由于第一架原型机制作粗糙，第一次着陆就机毁人亡。第二架原型机重新设计，1947年12月首次试飞成功。1948年6月投入生产，并成为苏联空军的主力战机。

MiG-15战斗机准备起飞

美国F-86战斗机

F-86"佩刀"是二战后美国设计的第一代战斗机，能够用于空战、拦截以及轰炸，是美国早期设计最为成功的喷气式战斗机代表作。1947年10月1日F-86进行首次飞行，1949年服役。除了拥有大量的改型之外，还衍生出了F-100"超级佩刀"战斗轰炸机。

展览中的F-86战斗机

■ 机体构造对比

苏联MiG-15战斗机

MiG-15采用头部进气，机身上方为水泡形座舱，内置弹射座椅。飞行中气流在头部由进气道内的隔板分为左右两股。机翼位于机身中部靠前，后掠角35度，翼下能够挂两只副油箱或炸弹。机翼穿透机身，与进气道内的隔板共同作用，将进气气流分为四股。在机翼前缘内放有一定量的铅，其目的是为了降低机翼对扭曲刚性的要求。

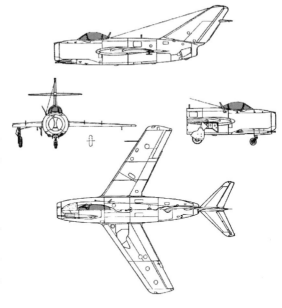

MiG-15战斗机结构图

美国F-86战斗机

F-86"佩刀"战斗机引入了一些原先从未应用在战斗机设计中的技术，包括全增压座舱以及液压动作的副翼和升降舵。该机采用了相对厚度10%的机翼。机翼上下表面设置4片减速板。为了弥补后掠翼的低速缺陷，北美工程师在机翼前缘安装了自动缝翼。缝翼完全自动控制，根据所受的气动力可以选择打开或者关闭。当缝翼向前滑动打开时，可以加速流经机翼上表面的气流速度，得以增加升力并减小失速速度，在高速时，缝翼自动关闭将阻力减到最小。

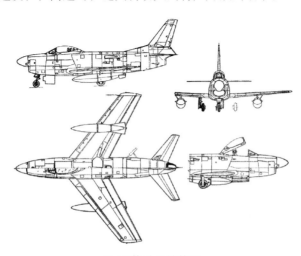

F-86战斗机结构图

■ 机载武器对比

苏联MiG-15战斗机

MiG-15战斗机的主要武器是1门37毫米N-37型机炮（备弹40发）和2门23毫米NR-23型机炮（各备弹80发），并可携带2枚100千克炸弹。

MiG-15战斗机前侧方特写

美国F-86战斗机

F-86战斗机的主要武器有6挺12.7毫米勃朗宁M2HB机枪，其中该机枪的子弹会在离机首333米处汇集于一点。除此之外，它还可携带900千克炸弹或8枚166毫米无导向火箭弹。

F-86战斗机在高空飞行

MiG-15战斗机所使用的发动机

F-86F战斗机所使用的J47-GE-27发动机

MiG-15战斗机的驾驶舱

■ 动力装置对比

苏联MiG-15战斗机

MiG-15战斗机采用1台VK-1离心式涡轮喷气发动机，该发动机的最大推力为26.5千牛。

美国F-86战斗机

F-86战斗机使用了多种发动机，以F-86F为例，该战斗机使用的动力装置为一台通用电气公司的J47-GE-27涡轮喷气发动机，最大推力为26.3千牛。

■ 航电设备对比

苏联MiG-15战斗机

MiG-15战斗机的航电设备包括瞄准具、无线电台、无线电罗盘、高度表以及信标接收机等，该战斗机不装备雷达，不具备全天候作战能力。

美国F-86战斗机

F-86战斗机不同型号使用的航电设备也略有不同，如F-86A型配备了AN/ARC-3VHF无线电、AN/ARN-6无线电方位测定仪、AN/APX-6敌我识别无线电发射机等。其中敌我识别器内还安装了自毁装置，受到飞机坠毁时的撞击自动激活或者由飞行员在紧急情况下手动打开，避免储存在敌我识别器内的密码被敌方获取。雷达方面，F-86系列战斗机主要配备AN/APG-36雷达。

F-86战斗机的驾驶舱

2.2 二代之星：
美国F-104"星" VS 法国"幻影"3 VS 苏联/俄罗斯MiG-21

美国F-104战斗机、法国"幻影"3战斗机及苏联/俄罗斯MiG-21战斗机都是20世纪50年代诞生的战斗机，是世界各空军强国进入喷气时代的喷气式战斗机的典型代表。F-104战斗机的设计一反当时美国空军大型化、重型化的趋势，转而强调简单与轻巧，在60年代长期保持爬升率与最大升限的世界纪录。法国"幻影"3是第一架速度达2350千米/小时的欧制战斗机，并模仿了美国F-104战斗机在进气口加装了导气锥。"幻影"3战斗机最初被设计成截击机，但随后就发展成兼具对地攻击和高空侦察的多用途战机。作为二代机中的明星，MiG-21可谓是苏式战斗机的经典之作，其特点是轻巧、灵活爬升快、跨音速和超音速操纵性好、火力强，它的高空高速性能被摆在了首要位置。MiG-21是20世纪产量、装备最多的喷气战斗机之一。

F-104战斗机示意图

"幻影"3战斗机示意图

MiG-21战斗机示意图

F-104战斗机

"幻影"3战斗机

MiG-21战斗机

■ 基本参数对比

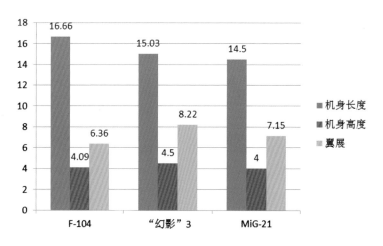

战斗机尺寸对比（单位：米）

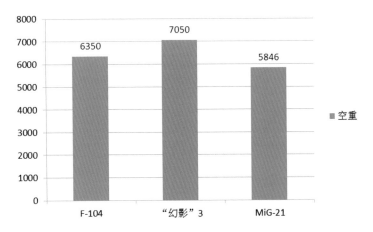

战斗机空重对比（单位：千克）

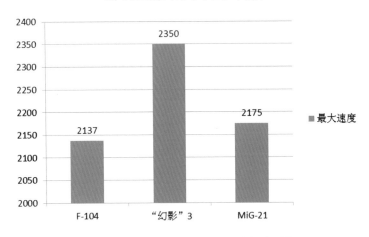

战斗机最大速度对比（单位：千米/小时）

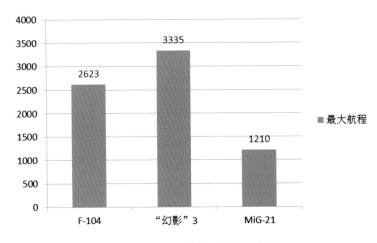

战斗机最大航程对比（单位：千米）

■ 建造背景概述

美国F-104战斗机

F-104"星"战斗机是美国洛克希德公司研制的超音速战斗机。1951年开始设计，1954年2月原型机首次试飞，1958年开始装备部队，因航程短、载弹量小成为美国空军的主力战斗机。在20世纪60年代成为"世界三大高性能战斗机之一"。

F-104战斗机侧方特写

法国"幻影"3战斗机

"幻影"3战斗机是法国达索公司研制的单座单发三角翼战斗机，主要任务是截击和制空，也可用于对地攻击。1956年11月原型机首次试飞，1960年后开始交付使用。20世纪60～70年代作为法国空军主力战斗机并出口多个国家，在二战后的各个大小战争和武装冲突中屡试身手博得各国青睐，使得"幻影"系列战斗机家喻户晓。

正在起飞的"幻影"3战斗机

苏联/俄罗斯MiG-21战斗机

MiG-21战斗机是苏联于20世纪50年代初期研制的一种单座单发超音速战斗

机，1953年开始设计，1955年原型机试飞。1956年6月24日参加了苏联航空节的飞行表演，1958年开始装备部队，1965年1月第一架MiG-21交付空军。MiG-21战斗机及其改进型共生产了10000多架，截至2013年5月3日共有52个国家使用，曾进行过多次大规模的重要改进。

高空飞行的MiG-21战斗机

■ 机体构造对比

美国F-104"星"战斗机

F-104曾被戏称为"飞行棺材"或"寡妇制造机"，这是因为F-104为了追求高空高速，被设计成机身长而机翼短小、T形尾翼等，这些都是为了最大限度实现减阻的设计，但却牺牲了飞机的盘旋性能。

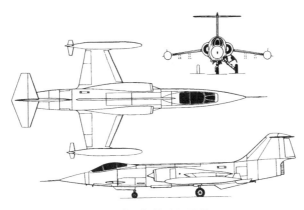

F-104"星"战斗机结构图

法国"幻影"3战斗机

"幻影"3战斗机采用后掠角60度的三角形机翼，取消了平尾。尖锐的机头罩内装有搜索截击雷达天线，机身采用"面积律"设计，进气口采用机身侧面形式，为半圆形带锥体。机翼装有锥形扭转盒，靠近机翼前缘处有铰接在上下翼面上的小型扰流片。

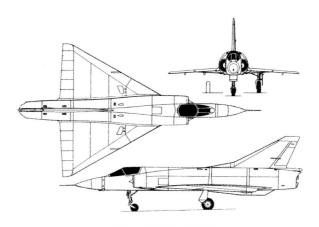

"幻影"3战斗机结构图

苏联/俄罗斯MiG-21战斗机

MiG-21战斗机是一种设计紧凑、气动外形良好的单座战斗机。它采用三角形机翼、后掠尾翼、细长机身、头部进气道、多激波进气锥。

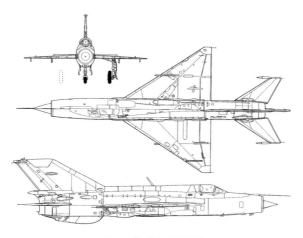

MiG-21战斗机结构图

■ 机载武器对比

美国F-104战斗机

F-104"星"战斗机的武器系统包括：执行截击任务带"麻雀"Ⅲ和"响尾蛇"空对空导弹各2枚；执行对地攻击任务带"小斗犬"空对地导弹、普通炸弹或一颗900千克核弹，此外，该机还安装有1门M61式20毫米机炮。

法国"幻影"3战斗机

"幻影"3战斗机的固定武器为2门30毫米机炮，另有7个外挂点，可以挂载空对空导弹、空对地导弹、空对舰导弹或炸弹等武器。

停在地面的F-104战斗机

"幻影"3战斗机飞行模拟图

苏联/俄罗斯MiG-21战斗机

MiG-21战斗机武器系统有4个外挂架,能够携带红外制导或雷达制导的近距空对空导弹或对空、对地火箭和炸弹,并装有1门23毫米G3-23双管机炮,备弹200发。

停在地面上的MiG-21战斗机

■ **动力装置对比**

美国F-104战斗机

F-104战斗机采用一台J79-GE-11A涡轮喷气发动机,如果遇到发动机空中熄火或飞机失速等动力故障,别的飞机能滑翔着陆,而F-104则会马上变成自由落体式。

F-104战斗机所使用的发动机

法国"幻影"3战斗机

"幻影"3战斗机的动力装置为一台阿塔9C发动机,加力推力为60.8千牛。

"幻影"3战斗机所使用的发动机

苏联/俄罗斯MiG-21战斗机

MiG-21战斗机的动力装置为一台P-13-300涡轮喷气发动机,燃油系统包括6个机身油箱和4个机翼整体油箱(两前两后),飞机内部装油2600升。另外,机翼下可带两个490升副油箱，机身下可挂一个490升或800升副油箱。主起落架舱门后的机身两侧可带固体起飞助推火箭。

MiG-21战斗机所使用的发动机

■ 航电设备对比

美国F-104战斗机

美国的F-104战斗机拥有众多改进型号，其中较为出名的莫过于F-104G，它的设计初衷是作为一种高性能的全天候多用途战斗轰炸机。该战斗机不仅加强了机体结构，还加装及换装了大量先进的电子设备，包括自动驾驶仪、武器投射电脑、红外夜视仪、新型无线电系统和敌我识别系统，以及F15A-41B多功能火控雷达，使得F-104G具备超低空高速飞行能力、精确导航和武器投射能力以及全天候作战能力。

F-104战斗机的驾驶舱

法国"幻影"3战斗机

"幻影"3战斗机有多种型号，不同型号使用的电子设备也不尽相同。其中"幻影"3A不仅安装了汤姆逊-CSF的"西拉诺-白鹳"机载截击雷达，"幻影"3E换装汤姆逊-CSF的"西拉诺"Ⅱ双模空/地雷达，并在垂尾顶部增加了雷达告警接收机天线。

"幻影"3战斗机的驾驶舱

苏联/俄罗斯MiG-21战斗机

MiG-21战斗机的航电设备较为简单，中、后期改型加装了小直径天线火控雷达和自动驾驶仪。早期型号只在进气锥中装雷达测距器。改进型装备加装PF型RP-9-21截击雷达，发现目标距离约20千米。

MiG-21战斗机的驾驶舱

2.3 高速交锋：
美国F-4 "鬼怪" Ⅱ VS 苏联MiG-25 "狐蝠" VS 法国 "幻影" F1

　　20世纪70年代以前，主流的战斗机设计思想是：速度是决定空中优势的主要因素，主张研制多用途战术战斗机，主张以速度和远距离空战取胜。美国F-4、苏联MiG-25以及法国"幻影"F1战斗机就是在这种背景下诞生的。美国F-4战斗机是第二代战斗机的典型代表，各方面的性能较均衡，不仅空战格斗好，对地攻击能力也不俗，是美国空、海军六七十年代的主力战斗机，但是其缺点是转弯半径过大，大迎角机动性能欠佳，高空和超低空性能略差，起降时对跑道要求较高。苏联MiG-25战斗机是米高扬设计局研制的高空高速战斗机，是世界上第一种速度达到3470千米/小时的战斗机，北约组织给予的绰号为"狐蝠"。为了抵抗高速运行带来的高温，MiG-25战斗机不得不采用了不锈钢结构，但是这增加了机体的重量和耗油量，也限制了其载弹量，因此，MiG-25只是一架能够高速运行的战斗机，在真正与美国F-4等同时代先进战机作战时仅仅有一定的速度优势。法国"幻影"F1战斗机在数据上保持了和"幻影"3相同的性能，它配备了不同的武器和设备，可以完成制空、截击、低空对地攻击等不同的任务，其首要任务是全天候高空截击。

F-4 "鬼怪" Ⅱ战斗机示意图

MiG-25战斗机示意图

"幻影"F1战斗机示意图

F-4"鬼怪"Ⅱ战斗机

MiG-25战斗机

"幻影"F1战斗机

■ 基本参数对比

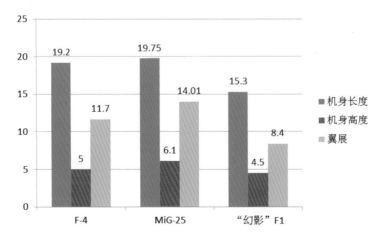

战斗机尺寸对比（单位：米）

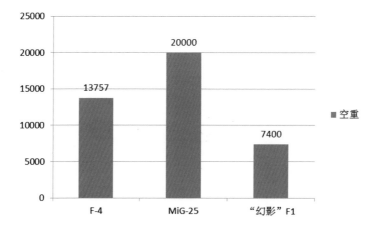

战斗机空重对比（单位：千克）

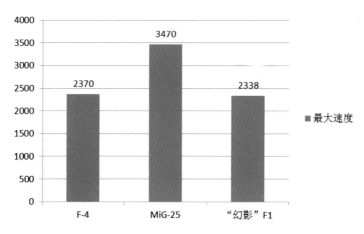

战斗机最大速度对比（单位：千米/小时）

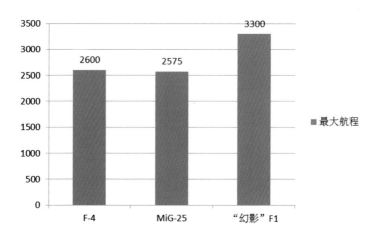

战斗机最大航程对比（单位：千米）

■ 建造背景概述

美国F-4"鬼怪"II战斗机

　　F-4"鬼怪"II战斗机于1956年开始设计，1958年5月第一架原型机试飞，生产型则于1961年10月开始正式交付美国海军使用。1963年11月，F-4战斗机开始进入美国空军服役。F-4战斗机除了作为美国空军和海军的主要制空战斗机以外，在对地攻击、战术侦察与压制敌方防空系统等任务方面也发挥了很大作用。

F-4"鬼怪"II战斗机在空中进行加油

苏联MiG-25"狐蝠"战斗机

　　苏联米高扬设计局于1958年展开高空高速截击机的研究，MiG-25的原型机E-155于1961年正式研制。侦察原型机E-155R-1和截击原型机E-155P-1分别于1964年3月和9月首飞。1970年，MiG-25战斗机正式进入苏联军队服役。

MiG-25战斗机在高空飞行

法国"幻影"F1战斗机

　　"幻影"F1是基于"幻影"3战斗机的改良型，1966年12月23日首次试飞，1969年法国空军与达索公司签订了批量生产的订单。1970年，"幻影"F1加入法国空军服役。20世纪60～80年代，"幻影"F1获得不少阿拉伯国家空军的青睐。

停在地面上的"幻影"F1战斗机

■ 机体构造对比

美国F-4"鬼怪"Ⅱ战斗机

　　F-4"鬼怪"Ⅱ战斗机的机身为全金属半硬壳式结构，分为前、中、后三段。机身前段主要包括座舱、前起落架舱和电子设备舱，中段有发动机舱和油箱舱，靠近发动机的结构大量采用钛合金。该机采用可收放前三点式起落架，前起落架为双轮，没有内胎，向后收入机身。主起落架为单轮，向内收入机翼。舰载型弹射起飞时，前起落架伸长，有着陆钩。

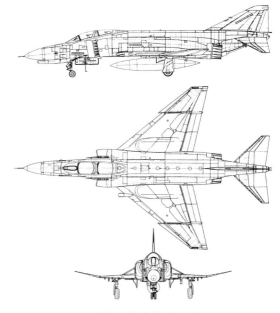

F-4"鬼怪"Ⅱ战斗机结构图

苏联MiG-25 "狐蝠" 战斗机

MiG-25战斗机的气动布局与以前的MiG飞机的传统风格有较大差别，采用中等后掠上单翼、两侧进气、双发、双垂尾布局型式，这是米高扬设计局与苏联中央空气流体动力学研究院共同的研究成果。

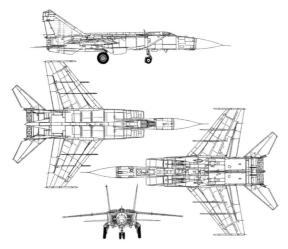

MiG-25战斗机结构图

法国 "幻影" F1战斗机

"幻影" F1采用了常规气动布局设计，机身为普通全金属半硬壳结构，主要骨架铣切加工而成，次要桁条与气密隔板用点焊，辅助隔框和油箱壁板用化学铣加工，其余采用钛合金埋头铆钉或螺栓连接，并进行了密封。起落架主轴颈和发动机防火壁板以及一些重要构件采用了钛合金。

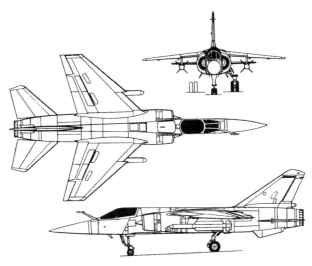

"幻影" F1战斗机结构图

■ 机载武器对比

美国F-4"鬼怪"Ⅱ战斗机

F-4"鬼怪"Ⅱ战斗机不仅空战性能优异，对地攻击能力也很强。该机装有1门20毫米M61A1"火神"机炮，还可携带普通航空炸弹、集束炸弹、电视和激光制导炸弹以及各类火箭弹。

F-4"鬼怪"Ⅱ战斗机进行编队飞行

苏联MiG-25"狐蝠"战斗机

MiG-25战斗机可携带的武器主要包括：2枚R-23导弹、4枚R-40导弹、2枚R-60导弹以及4枚R-73导弹。

MiG-25战斗机正准备起飞

法国"幻影"F1战斗机

"幻影"F1战斗机配备不同的武器及设备，其固定武器是2门30毫米机炮，除此之外，"幻影"F1战斗机的机身和机翼通常可挂载AIM-9"响尾蛇"空对空导弹、68毫米火箭弹以及各式炸弹。

"幻影"F1战斗机在空中飞行

■ 动力装置对比

美国F-4"鬼怪"Ⅱ战斗机

F-4"鬼怪"Ⅱ战斗机的动力装置为2台通用电气公司的J79-GE-17A加力式涡轮喷气发动机。

F-4"鬼怪"Ⅱ战斗机所使用的发动机

苏联MiG-25"狐蝠"战斗机

MiG-25战斗机采用2台R-15B-300加力式涡轮喷气发动机作为动力装置。

工作人员正在推运MiG-25战斗机所使用的发动机

法国"幻影"F1战斗机

"幻影"F1战斗机的动力装置为1台9K-50加力式涡轮喷气发动机。

"幻影"F1战斗机所使用的发动机

■ 航电设备对比

美国F-4"鬼怪"Ⅱ战斗机

F-4"鬼怪"Ⅱ战斗机的机载航电设备包括：CPK.92A/A24G-34中央大气数据计算机，AN/ASQ-19（B）通信-导航-识别系统，MS25447/MS25448计数器加速表，AN/APQ雷达高度表，AN/AJB-7全高度轰炸系统，AN/ASN-64A导航计算机，AN/AJB-63惯导系统，AN/ASQ-91武器投放系统，AN/ASG-26前置角计算光学瞄准具，AN/APR-36、-37雷达寻的和警戒系统，AN/FSA-32自动火力控制系统，AN/APQ-120火控雷达，AN/ARW-77 AGM-12控制系统，TD-709/AJB-7程序计时装置，ID-1755/A备用姿态参考系统，KB-25A瞄准照相枪。

F-4"鬼怪"Ⅱ战斗机的驾驶舱

苏联MiG-25"狐蝠"战斗机

MiG-25战斗机使用的雷达是"旋风"A大型火控雷达，这种雷达的本体重量达到了0.5吨，使用的倒置卡塞格伦天线孔径超过1米，堪称当时机载雷达中的"巨无霸"。由于苏联相对落后的电子工业水平，"旋风"A雷达虽然体积较大，但是功能非常单一，其扫描线基本与机身轴线重合，完全不具备下视/下射能力。

MiG-25战斗机的驾驶舱

法国"幻影"F1战斗机

"幻影"F1战斗机机头装汤姆逊-CSF公司的"西拉诺"IV火控雷达。两台高频无线电通信电台（一台超高频，一台甚高频），带Socrat 5600指点信标接收机的Socrat 6200甚高频全向信标/仪表着陆系统，电话器材公司的塔康以及NR-AI-4-A敌我识别应答器，中央大气数据计算机仪表着陆指示器，克鲁泽公司的63型导航指示器和法国航空导航设备公司的505自动驾驶仪。

"幻影"F1战斗机的驾驶舱

2.4 欧洲三雄：
法国"阵风" VS 英国/德国/意大利/西班牙"台风" VS 瑞典JAS-39"鹰狮"

　　法国"阵风"战斗机、英国/德国/意大利/西班牙"台风"战斗机以及瑞典JAS-39"鹰师"战斗机因为其优异的性能表现，并称为"欧洲三雄"。法国"阵风"战斗机真正的优势在于多用途作战能力，这款战斗机是世界上功能最全面的，不仅海空兼顾，而且空战和对地、对海攻击能力都十分强大。"台风"战斗机是英国、德国、意大利和西班牙四国合作设计的双发、三角翼、鸭式布局、高机动性的多用途第四代半战斗机。该机采用大量T/R模块取代了机械扫描的天线和大功率的发射机，实现了对雷达波束扫描的电子控制。"台风"战斗机最大的缺点是缺少隐身性能和相控阵雷达。瑞典JAS-39"鹰狮"战斗机是一种具有战斗性、攻击性、侦察性的多功能战斗机，是当今世界最具有关注度、最畅销的战斗机之一。

"阵风"战斗机示意图

"台风"战斗机示意图

JAS-39"鹰狮"战斗机示意图

"阵风"战斗机

"台风"战斗机

JAS-39"鹰狮"战斗机

■ 基本参数对比

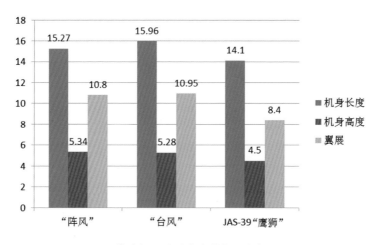

战斗机尺寸对比（单位：米）

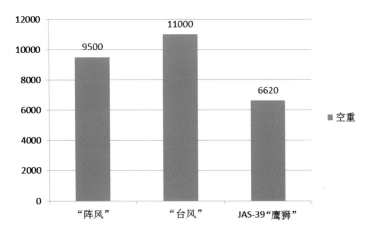

战斗机空重对比（单位：千克）

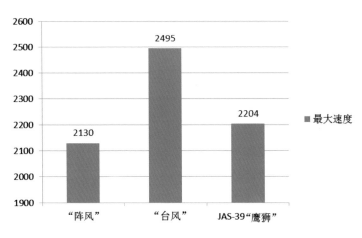

战斗机最大速度对比（单位：千米/小时）

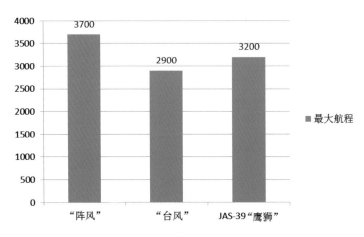

战斗机最大航程对比（单位：千米）

■ 建造背景概述

法国"阵风"战斗机

20世纪70年代，法国空军及海军开始寻求新战机。为节约成本，法国尝试加入欧洲战机计划，与其他国家共同研发，但因对战机功能要求差别过大，最终法国决定独资研发，其成果就是"阵风"战斗机。1986年7月，"阵风"战斗机的原型机首次试飞。2000年12月4日，"阵风"战斗机正式服役。原本法国军队计划采购292架"阵风"战斗机，其中空军232架，海军60架。但因各种原因最终缩小了采购规模。2015年，"阵风"战斗机取得了来自埃及（24架）与印度（36架）的订单。此外，卡塔尔也计划购买24架"阵风"战斗机。

"阵风"战斗机在高空飞行

英国/德国/意大利/西班牙"台风"战斗机

1983年，英国、法国、德国、意大利和西班牙五国开始了"未来欧洲战机"计划。后来因意见不合，法国转而发展自己的"阵风"战斗机。1994年，"台风"战斗机第一架原型机试飞。2003年，"台风"战斗机正式开始服役。

"台风"战斗机进行编队飞行

瑞典JAS-39"鹰狮"战斗机

JAS-39"鹰狮"战斗机的研发历史最早可以追溯到1980年，当时它作为SAAB 37的后继机型开始研发。根据瑞典情报部门的预测，在"鹰狮"战斗机的服役过程中，Su-27战斗机是它可能遇到的最大的威胁。由于苏联距瑞典的最近点只有200千米，所以"鹰狮"战斗机没有必要设计成为一种大型的双发飞机。1988年12月9日，"鹰狮"战斗机的试验机完成首飞，之后因操控系统缺陷导致生产计划大幅延迟。1997年11月，"鹰狮"战斗机正式服役。

JAS-39"鹰狮"战斗机在高空飞行

■ 机体构造对比

法国"阵风"战斗机

"阵风"战斗机采用三角形机翼，加上近耦合前翼（主动整合式前翼），以及先天不稳定气动布局，以达到高机动性，同时保持飞行稳定性。机身为半硬壳式，前半部分主要使用铝合金制造，后半部分则大量使用碳纤维复合材料。该机的进气道位于下机身两侧，可有效改善进入发动机进气道的气流，从而提高大迎角时的进气效率。起落架为前三点式，可液压收放在机体内部。

英国/德国/意大利/西班牙"台风"战斗机

"台风"战斗机采用了鸭式三角翼无尾布局，矩形进气口位于机身下。这一布局使其具有优秀的机动性，但是隐身能力则相应被削弱。该机广泛采用碳素纤维复合材料、玻璃纤维增强塑料、铝锂合金、钛合金和铝合金等材料制造，复合材料占全机材料的40%左右。

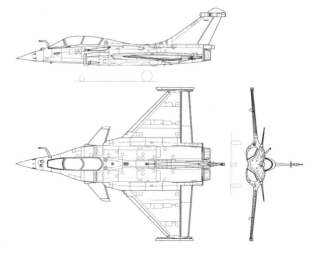

"阵风"战斗机结构图

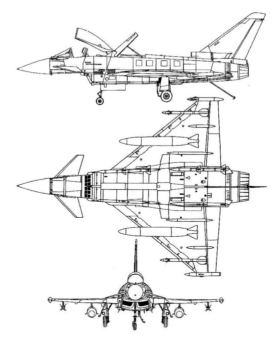

"台风"战斗机结构图

瑞典JAS-39"鹰狮"战斗机

JAS-39"鹰狮"战斗机采用鸭翼（前翼）与三角形机翼组合而成的近距耦合鸭式布局，机身广泛采用复合材料。三角形机翼带有前缘襟翼和前缘锯齿，全动前翼位于矩形涵道的两侧，没有水平尾翼。机翼和前翼的前缘后掠角分别为45度和43度。座舱盖为水滴形，单片式曲面风挡玻璃。座椅向后倾斜28度，类似美国

F-16战斗机。可收放前三点式的主起落架为单轮式，向前收入机舱。可转向前起
落架为双轮式，向后旋转90度平放入机身下部。

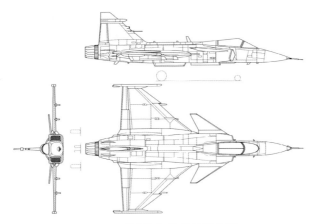

JAS-39"鹰狮"战斗机结构图

■ 机载武器对比

法国"阵风"战斗机

"阵风"战斗机的固定武器为1门30毫米GIAT-30/719B-30机炮，备弹125发。
除此之外，该战斗机还可挂载各类常规炸弹和导弹以及模组化空对地武器。

"阵风"战斗机搭载的各式武器

英国/德国/意大利/西班牙"台风"战斗机

"台风"战斗机不仅空战能力较强，还拥有不错的对地作战能力，装有1门27
毫米BK-27机炮，备弹150发。该机共有13个外挂点，可挂载9000千克武器，包括
AIM-9"响尾蛇"导弹、AIM-120导弹、AIM-132导弹、AGM-65"小牛"导弹、
"金牛座"导弹等。

"台风"战斗机在高空飞行

瑞典JAS-39"鹰狮"战斗机

JAS-39"鹰狮"战斗机的固定武器是1门27毫米BK-27机炮，备弹120发。机身7个外挂点能够挂载AIM-9"响尾蛇"空对空导弹、"流星"空对空导弹、AIM-120"监狱"空对空导弹、AGM-65"小牛"空对地导弹、RBS-15反舰导弹、Mk80系列无导引炸弹等武器。

JAS-39"鹰狮"战斗机下方特写

■ 动力装置对比

法国"阵风"战斗机

"阵风"战斗机使用的动力装置为2台斯奈克玛生产的M88-2发动机，其基本型推力为50千牛，加后燃推力为75千牛。

英国/德国/意大利/西班牙"台风"战斗机

"台风"战斗机的动力装置为2台性能非常出色的欧洲喷气涡轮公司的EJ200涡扇发动机。

"阵风"战斗机所使用的发动机正在展览厅

"台风"战斗机所使用的发动机

瑞典JAS-39"鹰狮"战斗机

JAS-39"鹰狮"的动力装置采用一台RM12发动机,该发动机是一种低涵道比带加力燃烧室的涡轮风扇发动机,它是由通用电气公司与沃尔沃飞机发动机公司在F404-400发动机的基础上合作研制的。此外,RM12发动机具有3级风扇和7级高压压气机,风扇和压气机都采用可变迎角的定子,由单级涡轮驱动。加力燃烧室采用可变面积喷管,其面积从最小到最大都是可调的。

技术人员视觉检查JAS-39"鹰狮"所使用的RM12发动机

■ 航电设备对比

法国"阵风"战斗机

"阵风"战斗机采用集成模块化航空电子（IMA），使用汤姆逊CSF公司的具有下视/下射能力的RBE-2雷达，它可同时跟踪8个目标，能自动评估目标威胁程度，排定优先顺序。2012年，RBE-2雷达开始逐步被RBE-2-AA主动电子扫描阵列雷达（AESA雷达）所取代。

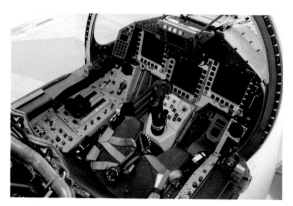

"阵风"战斗机的驾驶舱

英国/德国/意大利/西班牙"台风"战斗机

"台风"战斗机的主要航电系统包括马可尼公司的ECR-90多功能脉冲多普勒雷达、ECR-90"捕手"雷达，其他设备包括先进集成辅助自卫子系统（DASS），红外搜索/跟踪系统（IRST），具有头盔显示器、语音控制系统等控制的高度集成化自动化的座舱显示系统，以及STANG3838北约标准数据总线。

"台风"战斗机的驾驶舱

瑞典JAS-39"鹰狮"战斗机

JAS-39"鹰狮"战斗机的性能较为先进，它所使用的航电设备为爱立信PS-05雷达，D80中心电脑系统，3条STD1553B数据总线，激光惯性导航系统和雷达高度表，EP17座舱电子显示系统，以及先进的电子反制系统等。

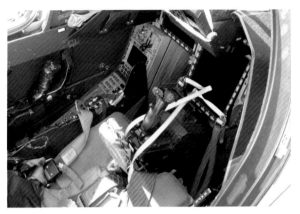

JAS-39"鹰狮"战斗机的驾驶舱

2.5 舰载先锋：
美国F-14"雄猫" VS 美国F/A-18"大黄蜂" VS 苏联/俄罗斯SU-33"侧卫"D

美国F-14战斗机、F/A-18战斗机及苏联/俄罗斯SU-33战斗机都是诞生于20世纪70～80年代的多用途舰载战斗机。F-14战斗机的主要任务是为舰队防空和护航，用来替换海军的F-4"鬼怪"Ⅱ战斗机，主要执行舰队防御、截击、打击和侦察等任务。F/A-18战斗机具备优秀的对空、对地和对海攻击能力，是美国海军最重要的舰载机。F/A-18的用途广泛，既可用于海上防空，也可进行对地攻击，它也是美国军方第一种兼具战斗机与攻击机身份的型号。苏联/俄罗斯SU-33战斗机是苏联苏霍伊设计局（现俄罗斯航空制造集团联合体）在SU-27的基础上为苏联/俄罗斯海军研制的单座双发舰载战斗机，它继承了SU-27家族优异的气动布局，实现了机翼折叠，新设计了增升装置、起落装置和着舰钩等系统，使得飞机在保持优良的作战使用性能条件下，实现了着舰要求的飞行特性。

F-14"雄猫"战斗机示意图

F/A-18"大黄蜂"战斗机示意图

SU-33"侧卫"D战斗机示意图

F-14 "雄猫"战斗机

F/A-18 "大黄蜂"战斗机

SU-33 "侧卫"D战斗机

■ **基本参数对比**

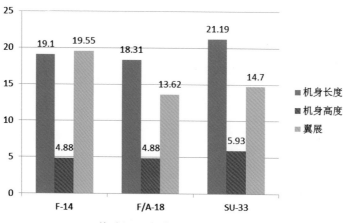

战斗机尺寸对比（单位：米）

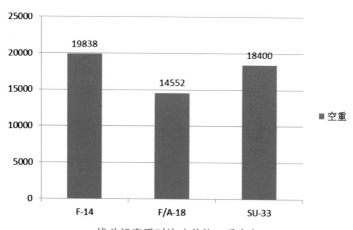

战斗机空重对比（单位：千克）

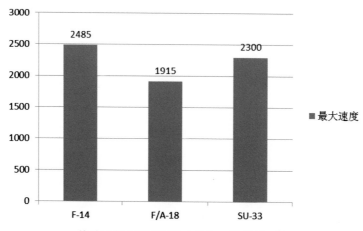

战斗机最大速度对比（单位：千米/小时）

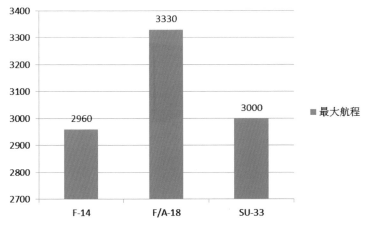

战斗机最大航程对比（单位：千米）

■ 建造背景概述

美国F-14"雄猫"战斗机

1967年7月，美国海军向各大飞机制造公司发出了新型舰载战斗机的招标。1968年2月，格鲁曼公司的设计方案中标，并获得制造6架原型机/预生产型的合同，新机军用编号是F-14。1970年12月21日，原型机首次试飞。1974年9月，F-14战斗机正式服役，主要用于替换性能逐渐落伍的F-4"鬼怪"Ⅱ战斗机。1987年，装备改进型发动机的F-14B正式投产。1988年，该机在雷达、航空电子设备和导弹挂载能力等方面经过了进一步改进升级，并定名为F-14D。

F-14"雄猫"战斗机在高空飞行

美国F/A-18"大黄蜂"战斗机

F/A-18战斗机的研发历史最早可以追溯到美国空军发展的轻型战机（LWF）计划，当时通用公司与诺斯罗普公司（现诺斯罗普·格鲁曼公司）获得最后决选权，分别发展出YF-16与YF-17两种原型机，其中YF-16被美国空军选中。而YF-17虽然在这次计划中落选，却在数年后赢得美国海军的空战战机（ACF）计划。当时，诺斯罗普、波音与制造海军飞机经验丰富的麦克唐纳·道格拉斯公司合作，以YF-17原型机为蓝本开发出海军版的原型机，并打败由F-16衍生出的舰载机版本。最初计划制造战斗机版F-18与攻击机版A-18两种型号，但最终采纳美国海军的意见将其合二为一变成F/A-18战斗机。

F/A-18"大黄蜂"战斗机在高空飞行

苏联/俄罗斯SU-33"侧卫"D战斗机

SU-33战斗机于1975开始研制，原型机编号T10K。由于它是SU-27战斗机所衍生出来的舰载机种之一，因此延续了SU-27的北约代号，被称为"侧卫"D（Flanker-D）。SU-33于1987年8月首飞；1989年11月首次在"第比利斯"号（即后来的"库兹涅佐夫"号）航母上进行着舰试验；1993年4月装备俄罗斯海军；1998年8月正式列入作战编制。

SU-33"侧卫"D战斗机自舰上准备起飞

■ 机体构造对比

美国F-14"雄猫"战斗机

F-14"雄猫"战斗机采用双发双垂尾中单翼布局，机头略微向下倾，有利于扩大飞行员的视界。座舱前后纵列布置，飞行员在前，雷达官在后，机背以小角度向后延伸，再和主机身平行融合。机身两侧进气，采用当时流行的斜切矩形进气口，以提高大迎角性能。机身为全金属半硬壳式结构，采用机械加工框架，钛合金主梁及轻合金应力蒙皮。前机身由机头和座舱组成，停机时机头罩可向上折起。中机身是简单的盒形结构，可以贮油。后机身从前至后变薄，尾部装外伸的排油管。F-14战斗机拥有较高的强度重量比，机体结构中有25%的钛合金、15%的钢、36%的铝合金，还有4%的非金属材料和20%的复合材料。

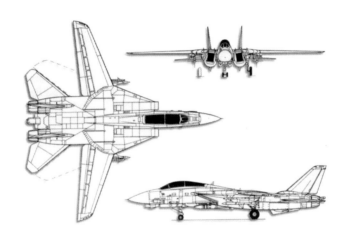

F-14"雄猫"战斗机结构图

美国F/A-18"大黄蜂"战斗机

F/A-18"大黄蜂"战斗机采用了双发后掠翼和双垂尾的总体布局，机翼面积为37.16平方米，以改善低速性能。机翼为悬臂中单翼，后掠角不大，前缘装有全翼展机动襟翼，后缘内侧有液压动作的襟翼和副翼，前后缘襟翼的偏转均由计算机控制。尾翼也采用悬臂结构，平后和垂尾均有后掠角，平尾低于机翼，使飞机大迎角飞行时具有良好的纵向稳定性。

苏联/俄罗斯SU-33"侧卫"D战斗机

SU-33"侧卫"D战斗机的机身结构与SU-27基本相同，都由前机身、中央翼和后机身组成。只是SU-33的机身主要承载力结构进行了加强，前起落架支柱直接与机身主承力结构连接，加强了前起落架的结构强度，并且改用了双前轮。主起落架直接连接在机身侧面的尾梁上，尾钩组件安装在强化的中央桁梁上，为保证飞机在大迎角状态下在舰上起降的安全性，缩短了尾锥的长度。机翼部分改动比较大，SU-33增加了主翼的面积，并且把SU-27后缘半翼展的整体式襟副翼改为机翼内侧的2块双开缝增升襟翼，在机翼靠近翼尖部分设置有副翼。

F/A-18"大黄蜂"战斗机结构图

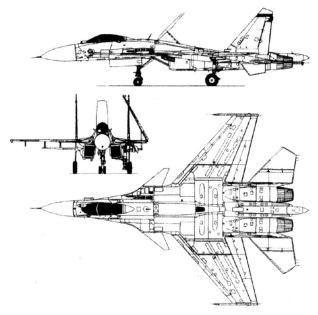

SU-33"侧卫"D战斗机结构图

■ 机载武器对比

美国F-14"雄猫"战斗机

F-14"雄猫"战斗机的固定武器为1门20毫米M61机炮，10个外挂点可搭载AIM-54"不死鸟"、AIM-7"麻雀"和AIM-9"响尾蛇"等空对空导弹，以及联合直接攻击弹药、Mk 80系列常规炸弹、Mk 20"石眼"集束炸弹、"铺路"系列激光制导炸弹等武器。

挂上6枚AIM-54"不死鸟"导弹的F-14"雄猫"战斗机

美国F/A-18"大黄蜂"战斗机

F/A-18"大黄蜂"战斗机的固定武器为1门20毫米M61"火神"机炮，备弹578发，其中还可携带AIM-9"响尾蛇"空对空导弹、AGM-88"哈姆"反辐射导弹以及GBU-24制导炸弹。

载满武器的F/A-18"大黄蜂"战斗机

苏联/俄罗斯SU-33"侧卫"D战斗机

SU-33"侧卫"D在执行舰队防空作战任务时主要依靠导弹武器系统进行空中作战，在空对空导弹方面，SU-33可以使用R-27中距离空对空导弹和R-73近距离格斗空对空导弹。在对海攻击武器方面，SU-33可以使用新型的Kh-41大型超音速反舰导弹。SU-33还可以使用各种口径的火箭弹和航空炸弹。此外，SU-33安装有1门带弹150发的30毫米GSh-301航炮。

SU-33"侧卫"D战斗机在高空中飞行

■ 动力装置对比

美国F-14"雄猫"战斗机

早期的F-14战斗机装有2台普拉特·惠特尼公司的TF30-P-412加力涡轮风扇发动机。后来开始生产的F-14战斗机则改用了TF30-P-414A发动机，其推力不变。从1986年起采用F110-GE-400发动机。

F-14"雄猫"战斗机所使用的F110-GE-400发动机

美国F/A-18"大黄蜂"战斗机

F/A-18战斗机装有2台通用电气公司研制的F404-GE-402涡轮风扇发动机，发动机重量为983千克。该发动机具有三级钛合金风扇，一排固定进气导向叶片和一排可变导向叶片，七级压气机，前三级为可变叶片定子，最后是单级高低压涡轮。F404系列发动机结构简单，活动部件相对较少。

F/A-18"大黄蜂"所使用的发动机

苏联/俄罗斯SU-33"侧卫"D战斗机

SU-33是世界上第一种在机身前部安装前水平翼的舰载战斗机。该机采用了大推重比涡扇发动机，从甲板上滑跃起飞时能获得足够的加速度。未来SU-33还有可能换装推力更强的AL-39FU推力矢量发动机，以进一步发展成超机动性战斗机。该机还装有可收缩式空中受油管，可由另一架带有吊挂油箱的SU-33来空中加油。

SU-33"侧卫"D战斗机使用的AL-31F3发动机的基本型——AL-31F发动机

■ 航电设备对比

美国F-14"雄猫"战斗机

F-14"雄猫"战斗机装备了AN/AWG-9远程火控雷达系统，可在140千米的距离上锁定敌机。该机还装备了当时独有的资料链，可将雷达探测到的资料与F-14战斗机其他型号分享，其雷达画面能显示F-14战斗机其他型号探测到的目标。

F-14"雄猫"战斗机的驾驶舱

美国F/A-18"大黄蜂"战斗机

F/A-18系列战斗机使用了多种雷达，其中F/A-18A/B/C/D的雷达装置为AN/APG-65雷达，F/A-18E/F则装有AN/APG-73雷达。

F/A-18"大黄蜂"战斗机的驾驶舱

苏联/俄罗斯SU-33"侧卫"D战斗机

SU-33战斗机的雷达和主要电子系统与SU-27基本相同，雷达采用了SU-27的N001雷达的改进型，提高了雷达对水面目标的探测能力。在对空作战中可以使用中距离空空导弹进行拦截作战或者使用短距离导弹进行空中格斗，在对海上目标作战时可以控制Kh-41导弹对驱逐舰以上规格的水面目标进行攻击。除此之外，机上还增装了与航空母舰配套的自动着舰引导装置，通过这套装置可以保证SU-33在恶劣的气候条件下，在自动引导装置的引导下采用自动或者半自动的方式将飞机降落到航空母舰相应位置的一个直径9米的着舰区内，自动引导装置提高了SU-33着舰的安全性和在恶劣条件下的全天候作战能力。

SU-33 "侧卫" D战斗机的驾驶舱

2.6 五代交战：
美国F-22 "猛禽" VS 美国 F-35 "闪电" II VS 俄罗斯SU-57

美国F-22、F-35和俄罗斯SU-57战斗机是世界第五代战斗机，它们具备高隐身性、先进航电系统、高度集成计算机网络，具备优异的战场姿态感知能力以及信息融合能力。F-22是世界上第一种进入服役的第五代战斗机。F-35战斗机主要用于前线支援、目标轰炸、防空截击等多种任务，同时它也是世界上最大的单发单座舰载战斗机和世界上唯一一种已服役的舰载第五代战斗机。俄罗斯SU-57战斗机主要用于取代上一代的SU-27战斗机，同时与美国的F-22战斗机抗衡。

F-22 "猛禽" 战斗机示意图

F-35"闪电"Ⅱ战斗机示意图

SU-57战斗机示意图

F-22"猛禽"战斗机

F-35"闪电"Ⅱ战斗机

SU-57战斗机

■ 基本参数对比

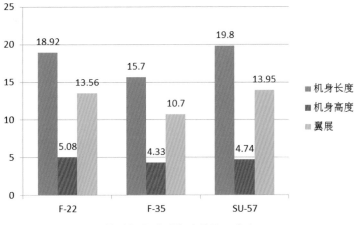

战斗机尺寸对比（单位：米）

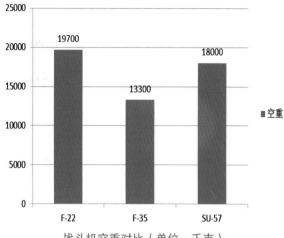

战斗机空重对比（单位：千克）

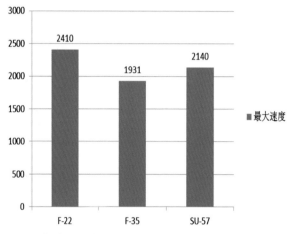

战斗机最大速度对比（单位：千米/小时）

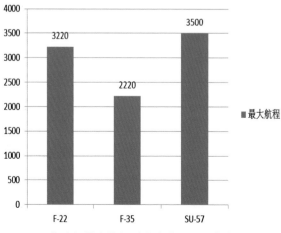

战斗机最大航程对比（单位：千米）

■ 建造背景概述

美国F-22"猛禽"战斗机

F-22战斗机的研发最早可以追溯到1971年，当时颇有远见的美国战术空军指挥部就已经提出了下一代战斗机的研发计划，并称其为先进战术战斗机（Advanced Tactical Fighter，ATF）。不过，因经费的原因，这个计划一直被推迟到1982年10月最终定案，同时提出技术要求。

1986年，以洛克希德和波音公司为主的研制小组提出YF-22方案并中标。1990年9月29日，第1架YF-22首次试飞。1997年，洛克希德·马丁公司首次公开F-22战斗机，并正式将其命名为"猛禽"，同年F-22战斗机进行首飞。美国空军于2002年正式宣布将F-22更名为F/A-22。

F-22"猛禽"战斗机编队飞行

美国F-35"闪电"Ⅱ战斗机

F-35战斗机源于美军的联合打击战斗机（Joint Strike Fighter，简称JSF）计划，主要用于前线支援、目标轰炸、防空截击等多种任务，并因此发展出三种主要的衍生版本，包括采用传统跑道起降的F-35A型，短距离/垂直起降的F-35B型，以及作为舰载机的F-35C型。2015年7月，F-35B型开始进入美国海军陆战队服役。2016年8月，F-35A型也开始进入美国空军服役。至于F-35C型，则计划在2018年进入美国海军服役。

俄罗斯SU-57战斗机

SU-57战斗机由俄罗斯PAK FA计划发展而来，前身为T-50战斗机，2010年1月29日首飞。从2010年到2015年秋，T-50战斗机的5架原型机完成了700架次试飞，其中多架原型机都经历了长时间的维修；2017年8月11日被正式命名为SU-57。

F-35"闪电"Ⅱ战斗机正面视角

SU-57战斗机编队飞行

■ 机体构造对比

美国F-22"猛禽"战斗机

F-22战斗机采用双垂尾双发单座布局，垂尾向外倾斜27度。两侧进气口装在边条翼下方，与喷嘴一样，都做了抑制红外辐射的隐形设计。主翼和水平安定面采用相同的后掠角和后缘前掠角，水泡形座舱盖凸出于前机身上部，全部武器都隐蔽地挂在四个内部弹舱之中。

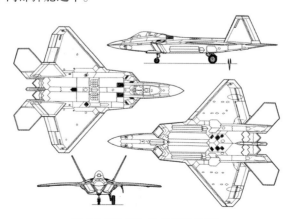

F-22"猛禽"战斗机结构图

美国F-35 "闪电" Ⅱ战斗机

F-35战斗机的外形很像F-22战斗机的单发动机缩小版，其隐身设计借鉴了F-22战斗机的很多技术与经验。F-35战斗机采用古德里奇公司为其量身定制的起落架系统，配备固特异公司制造的智能轮胎，轮胎中内置了传感器和发射装置，可以监测胎压、胎温。

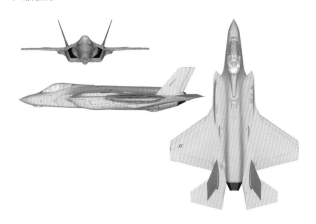

F-35"闪电"Ⅱ战斗机结构图

俄罗斯SU-57战斗机

SU-57战斗机大量采用复合材料，其比例约占机身总重量的四分之一，覆盖了机身70%的表面面积，钛合金占SU-57机体重量的四分之三。该机的机鼻雷达罩在前部稍微变平，底边为水平。为降低机身雷达反射截面积及气动阻力，SU-57战斗机的两个内置武器舱以前后配置，置于机身中轴的两个发动机舱之间，长度约5米。驾驶舱的设计着重于提高飞行员的舒适性，配备了新型弹射椅和维生系统。

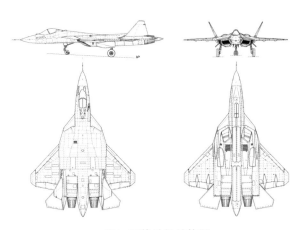

SU-57战斗机结构图

■ 机载武器对比

美国F-22"猛禽"战斗机

F-22战斗机在设计上具备超音速巡航（不需使用加力燃烧室）、超视距作战、高机动性、对雷达与红外线隐形等特性。该机装有1门20毫米M61"火神"机炮，备弹480发。在空对空构型时，通常还可以携带AIM-120C/D空对空导弹和AIM-9X空对空导弹。在空对地构型时，则能携带联合直接攻击炸弹、风修正弹药撒布器以及GBU-39小直径炸弹。

F-22"猛禽"战斗机准备起飞

美国F-35"闪电"Ⅱ战斗机

F-35"闪电"Ⅱ战斗机装有1门25毫米GAU-12/A"平衡者"机炮，备弹180发。除机炮外，该战斗机还可以挂载AIM-9X"响尾蛇"空对空导弹、AIM-120"监狱"空对空导弹、AGM-88"哈姆"反辐射导弹、AGM-154、AGM-158、海军打击导弹、远程反舰导弹等多种导弹，除此之外还可使用联合直接攻击炸弹、风修正弹药撒布器、"铺路"系列制导炸弹、GBU-39小直径炸弹、Mk 80系列无导引炸弹、CBU-100集束炸弹、B61核弹等，火力十分强劲。

F-35"闪电"Ⅱ战斗机底部特写

俄罗斯SU-57战斗机

SU-57战斗机拥有至少两个内置弹舱,主要用于装载远距和中距空对空导弹,如执行战斗任务不需隐身时,SU-57还可外挂智能炸弹及导弹。SU-57可携带10吨各式武器,包括不同类型和射程的导弹以及航空制导炸弹。此外,它还装有一门30毫米GSh-30-1机炮,备弹150发。

SU-57战斗机准备起飞

■ 动力装置对比

美国F-22"猛禽"战斗机

F-22战斗机的动力装置为2台普惠F119-PW-100涡轮扇发动机,其中该机最大推力为155.7千牛。

美国士兵正在调试F-22"猛禽"战斗机所使用的F119-PW-100涡轮扇发动机

美国F-35"闪电"Ⅱ战斗机

F-35战斗机的动力装置为1台普惠F135-PW-600发动机,其中净推力为125千牛。

F-35"闪电"Ⅱ战斗机使用的F135-PW-600发动机

俄罗斯SU-57战斗机

SU-57战斗机在试验阶段采用2台"土星"AL-41F-1加力发动机,该发动机使用数字控制系统,推重比高达10.5∶1,是专为SU-57而设计的第五代战机发动机,且具备推力矢量技术。

展览中的AL-41F-1加力发动机

■ 航电设备对比

美国F-22"猛禽"战斗机

F-22战斗机是当代造价最昂贵和最先进的战斗机种之一,它配备了AN/APG-77主动相控阵雷达、整合航电、人机界面等先进技术及装备。

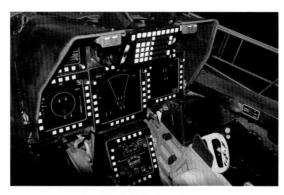

F-22"猛禽"战斗机的驾驶舱

美国F-35"闪电"Ⅱ战斗机

F-35战斗机有四大关键航空电子系统——诺斯罗普·格鲁曼公司的AN/APG-81有源相控阵雷达和光电分布孔径系统（EODAS）、英国宇航系统公司的综合电子战系统以及洛克希德·马丁公司的光电瞄准系统（EOTS）。其中EODAS由分布在F-35机身的6套光电探测装置组成。EOTS则是一个高性能的、轻型多功能系统，包括一个第三代凝视型前视红外（FLIR）系统，可以在防区以外距离上对目标进行精确探测和识别。此外，EOTS还具有高分辨率成像、自动跟踪、红外搜索和跟踪、激光指示、测距和激光点跟踪功能。

F-35"闪电"Ⅱ战斗机的驾驶舱

俄罗斯SU-57战斗机

SU-57战斗机装备的雷达系统为PAK-FA-SH121，其中包括了三部X波段雷达，分别置于正前方及左右两侧，机翼前缘另有可用于应付低可探测性目标的L波段雷达。而且除先进的雷达系统外，SU-57还装备了新型无线电侦察和对抗系统，能够在不打开雷达、不暴露自己的情况下，发现敌人并实施干扰。

SU-57战斗机驾驶舱

2.7 展翅银鹰：
日本F-2 VS 印度"光辉"

　　日本F-2支援战斗机和印度"光辉"战斗机几乎是同时发展的，但由于各国的国情与需求不同，因此在技术层次与作战效能上也有很大的差异。F-2是日本三菱重工业集团在美国通用动力公司所研制的F-16战斗机基础上与洛克希德·马丁公司合作研制的支援战斗机，用于日本自卫队对海上舰艇实施打击，平时负担国土防空任务。"光辉"战斗机是印度自行研制的第一种高性能战斗机，主要任务是争夺制空权、近距支援。在性能方面，日本F-2支援战斗机要优于印度"光辉"战斗机。

F-2战斗机示意图

"光辉"战斗机示意图

F-2战斗机

"光辉"战斗机

■ 基本参数对比

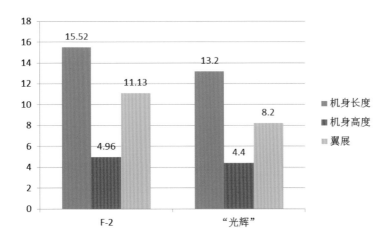

战斗机尺寸对比（单位：米）

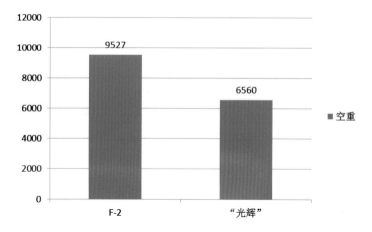

战斗机空重对比（单位：千克）

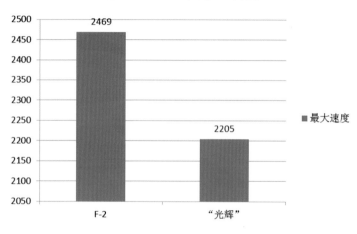

战斗机最大速度对比（单位：千米/小时）

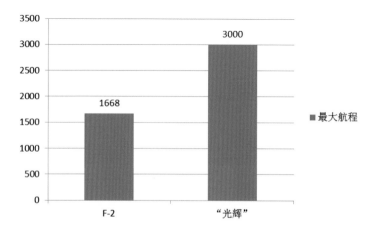

战斗机最大航程对比（单位：千米）

■ 建造背景概述

日本F-2战斗机

1987年11月，日本和美国签订协议，由日本政府出资，以美国F-16战斗机为样本，共同研制一种适用于日本国土防空的新型战斗机。最初这种飞机被称为FS-X，后来正式定名为F-2战斗机。1995年10月，首批4架原型机开始试飞。F-2战斗机原本计划于1999年服役，但因试飞期间机翼出现断裂事故而推迟到2000年。

F-2战斗机准备进行军事演习

印度"光辉"战斗机

20世纪80年代初，巴基斯坦从美国获得了先进的F-16战斗机。为此，印度决心研制一种全新的作战飞机，性能上要全面超越F-16战斗机。1983年，印度"轻型作战飞机"项目正式上马，后来该项目计划被正式命名为"光辉"。虽然包括发动机在内的关键部件都从国外引进，但受印度国力及航空科技水平的限制，"光辉"战斗机研制工作的进展非常缓慢。直至2001年1月4日首架试验机升空，印度已耗资约6.75亿美元。2015年1月，"光辉"战斗机正式服役，整个项目耗资超过10亿美元。

"光辉"战斗机准备起飞

■ 机体构造对比

日本F-2战斗机

F-2战斗机是以美国F-16C/D战斗机为蓝本设计的战斗机，其动力设计、外形和武器等方面都吸取了后者的不少优点。不过，为了突出日本国土防空的特点，F-2战斗机又进行了多处改进，包括：加长了机身，重新设计了雷达罩，集成了先进的电子设备（包括主动相控阵雷达、任务计算机、惯性导航系统以及集成电子武器系统等），加长了座舱，增加了机翼面积并采用了单块复合材料结构，机翼前缘采用了雷达吸波材料，在机身和尾部应用了先进的复合材料和先进的结构技术，加装了阻力伞。

F-2战斗机结构图

印度"光辉"战斗机

"光辉"战斗机很大程度上参考了法国"幻影"2000战斗机的设计，采用无水平尾翼的大三角翼布局。机身采用了铝-锂合金、碳纤维复合材料和钛合金钢制造，复合材料有效地降低了飞机重量，也可以减少机身铆钉的数量，增加飞机的可靠性和降低其因结构性疲劳而产生裂痕的风险。

"光辉"战斗机结构图

■ 机载武器对比

日本F-2战斗机

F-2战斗机装有1门20毫米JM61A1机炮，位于左侧翼根，可携弹512发。此外，还可挂载8085千克外挂武器，包括AIM-7F/M"麻雀"中程空对空导弹、AIM-9L"响尾蛇"近程空对空导弹、AAM-3近程空对空导弹、GCS-1制导炸弹、自由落体通用炸弹、JLAU-3多管火箭弹、RL-4多管火箭弹、ASM-1反舰导弹和ASM-2反舰导弹等。

正在演习滑行的F-2战斗机

印度"光辉"战斗机

"光辉"战斗机装有1门23毫米GSh-23机炮（备弹220发），8个外部挂架可挂载3500千克导弹、炸弹或火箭弹等武器，也可挂载航空燃油、电子吊舱或侦察吊舱。

满载武器的"光辉"战斗机

■ 动力装置对比

日本F-2战斗机

F-2战斗机的动力装置为通用电气公司的F110-GE-129发动机，F-2的机身截面基本与F-16相同，但为增加内部容量，稍稍增加了机身中段长度。

F-2战斗机所使用的F110-GE-129发动机

印度"光辉"战斗机

"光辉"战斗机原定的动力装置为美国通用电气公司的F404-GE-IN20发动机，1999年印度进行核试验后，美国停止向其提供发动机，因而"光辉"战斗机不得不采用本国研制的"卡韦里"涡轮风扇发动机，目前该发动机样机仍在俄罗斯进行测试。

"光辉"战斗机所使用的F404-GE-IN20发动机

■ 航电设备对比

日本F-2战斗机

F-2战斗机最初的主要任务为对地与反舰等航空支援任务，因此航空自卫队将其划为支援战斗机。后期换装J/APG-2相控阵雷达之后，F-2战斗机凭借先进的电子战系统和雷达，在空对空作战中也有不错的表现。

F-2战斗机的驾驶舱

印度"光辉"战斗机

"光辉"战斗机采用了先进的四余度数字线传飞行控制系统，具备极佳的可靠性和灵敏性，大大减轻了飞行员的处理负担。雷达则是以色列航空航天工业公司的EL/M-2032多模多普勒脉冲雷达。

"光辉"战斗机的驾驶舱

第3章 攻击机巅峰对决

攻击机是战机的一种，又称强击机，主要实现从低空、超低空突击敌军地面目标或浅近战役纵深内的目标，可以直接支援本方地面部队作战。国外也称之为近距空中支援飞机。

3.1 不老传奇：
美国A-10"雷电"Ⅱ VS 苏联/俄罗斯SU-25"蛙足" VS 美国F-117"夜鹰"

美国A-10"雷电"Ⅱ攻击机及俄罗斯SU-25"蛙足"攻击机是主要执行对地面部队的密集支援任务的攻击机。前者依靠强大的火力专司对地攻击，主要执行包括攻击敌方坦克、武装车辆、重要地面目标等。与一些看似先进的作战飞机不同，A-10以其良好的平台特性，在服役期间已经用事实证明了自身的价值。后者是苏联研发的一种高亚声速近距离空中支援攻击机，其结构简单，易于操作维护，适合在前线战场恶劣的环境中直接对己方陆军进行低空近距支援作战，并在众多战役中发挥了重要的作用。美国F-117"夜鹰"攻击机的外形奇特，整架飞机几乎全由直线构成，这种奇特的多平面多角体外形保证了飞机的隐身性能，是世界上第一款完全以隐形技术设计的飞机，领导世界军事进入了隐形时代。该机在世界航空史上具有重要的里程碑意义，其总设计师还因此获得了美国国家航空航天协会的最高奖励——罗伯特·科利尔奖。

A-10"雷电"Ⅱ攻击机示意图

SU-25"蛙足"攻击机示意图

F-117"夜鹰"攻击机示意图

A-10"雷电"Ⅱ攻击机

SU-25"蛙足"攻击机

F-117"夜鹰"攻击机

■ **基本参数对比**

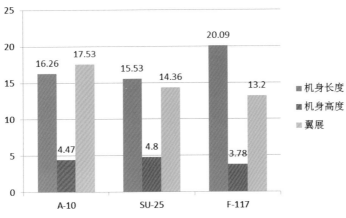

攻击机尺寸对比（单位：米）

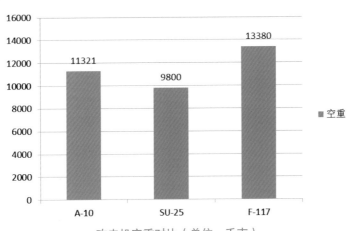

攻击机空重对比（单位：千克）

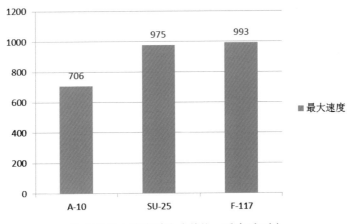

攻击机最大速度对比（单位：千米/小时）

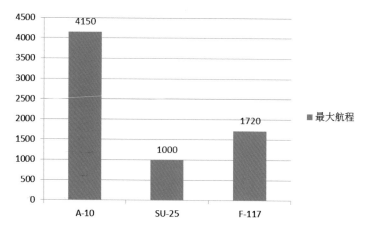

攻击机最大航程对比（单位：千米）

■ 建造背景概述

美国A-10"雷电"Ⅱ攻击机

A-10"雷电"Ⅱ攻击机源于美国空军在1966年9月展开的攻击机试验计划，其绰号来自于二战时期在密接支援上表现出色的P-47"雷电"攻击机。A-10攻击机于1972年5月首次试飞，1975年开始装备美国空军。该机有多个型号，经过升级和改进之后，预计一部分A-10攻击机将会持续使用至2028年。

A-10"雷电"Ⅱ攻击机进行空战演习

苏联/俄罗斯SU-25"蛙足"攻击机

1968年，苏军提出了新型攻击机的研发计划，要求能在前线150千米以内目视攻击敌人的地面目标、直升机和低速飞机，还要求能尽快投产。雅克列夫设计局、伊留申设计局和苏霍伊设计局参加了竞标，最终苏霍伊设计局的方案被选中，设计局编号为T-8。1975年2月，SU-25攻击机的原型机首次试飞。1978年，SU-25攻击机开始批量生产，但直到1981年才形成全面作战能力。

SU-25"蛙足"攻击机进行编队飞行

美国F-117"夜鹰"攻击机

F-117攻击机的研制工作始于20世纪70年代中期，一共制造了5架原型机，1981年6月15日试飞定型，次年8月23日开始向美国空军交付，一共交付了59架生产型。F-117攻击机服役后一直处于保密状态，直到1988年11月10日，美国空军才首次公布了它的照片。1989年4月，F-117攻击机在内华达州的内利斯空军基地公开面世。

F-117"夜鹰"攻击机编队飞行

■ 机体构造对比

美国A-10"雷电"Ⅱ攻击机

A-10攻击机采用中等厚度大弯度平直下单翼、双垂尾的正常布局，不仅便于安排翼下挂架，而且有利于遮蔽发动机排出的火焰与气流，以抑制红外制导的地对空导弹的攻击。尾吊发动机不仅可以简化设计、减轻结构重量，在起降时还可最大限度避免发动机吸入异物。两个垂直尾翼增加了飞行安定性，作战中即使有一个垂尾遭到破坏，飞机也不会无法操纵。

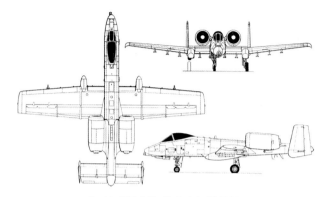

A-10"雷电"Ⅱ攻击机结构图

苏联/俄罗斯SU-25"蛙足"攻击机

SU-25攻击机的机翼为悬臂式上单翼，三梁结构，采用大展弦比、梯形直机翼，机翼前缘有20度左右的后掠角。机身为全金属半硬壳式结构，机身短粗，座舱底部及四周有24毫米厚的钛合金防弹板。机头左侧是空速管，右侧是为火控计算机提供数据的传感器。起落架为可收放前三点式。

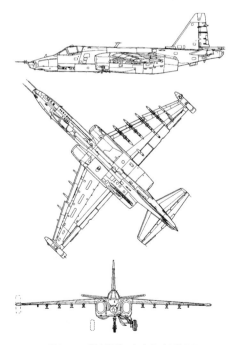

SU-25"蛙足"攻击机结构图

美国F-117"夜鹰"攻击机

F-117攻击机的外形与众不同，整架飞机几乎全由直线构成，连机翼和V形尾翼也都采用了没有曲线的菱形翼型。整个机身干净利索，没有任何明显的突出物，除了机头的4个多功能大气数据探头外，就连天线也被设计成可上下伸缩的。

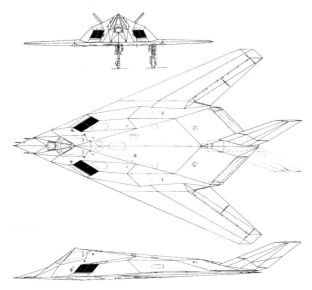

F-117"夜鹰"攻击机结构图

■ 机载武器对比

美国A-10"雷电"Ⅱ攻击机

A-10攻击机在前机身内左下侧安装了1门30毫米GAU-8"加特林"机炮，最大备弹量1350发。除此之外，该攻击机还有11个外挂架，其中每侧机翼4个，机身3个，最大载弹量为7260千克。

满载武器的A-10"雷电"Ⅱ攻击机

苏联/俄罗斯SU-25"蛙足"攻击机

　　SU-25攻击机装有1门30毫米GSH-30-2机炮，备弹250发。除此之外，该攻击机还可挂载R-60空对空导弹或AS-9空对地导弹等。SU-25攻击机的反坦克能力强，机翼下还可挂载"旋风"反坦克导弹，射程10千米，可击穿1000毫米厚的装甲。

SU-25"蛙足"攻击机正在发射火箭弹

美国F-117"夜鹰"攻击机

　　F-117攻击机的两个武器舱拥有2300千克的装载能力，理论上可以携带美国空军军械库内的任何武器，包括B61核弹。只有少数炸弹因为体积太大，或与F-117"夜鹰"攻击机的系统不相容而无法携带。

F-117"夜鹰"攻击机正在投掷炸弹

■ 动力装置对比

美国A-10"雷电"Ⅱ攻击机

　　该机的发动机为2台TF34-GE-100涡轮风扇发动机，并列安装在后机身上方，可为其提供超过830千米/小时的飞行速度。

美国士兵正在检测A-10"雷电"Ⅱ攻击机的发动机

苏联/俄罗斯SU-25"蛙足"攻击机

SU-25攻击机的动力装置为2台无加力燃烧室的R-195无加力涡轮喷气发动机，其中单台最大推力44.18千牛。这是一种可在恶劣气候保持输出推力的发动机。由于发动机推力大，SU-25攻击机的推重比A-10攻击机高一些，机动性也好一些。

SU-25"蛙足"攻击机所使用的发动机

美国F-117"夜鹰"攻击机

F-117攻击机的动力系统同样专门为隐身做了细致而周全的考虑。该机采用两台通用电气公司的F404-GE-F1D2不加力涡扇发动机，单台推力48千牛，为减小发动机压气机叶片、进气道和进气口的雷达反射，进气口还加装了复合材料格栅，其电阻率由内向外渐变，以便与自由空间电磁分部规律匹配。发动机装有由森德斯特兰德公司研制的空气涡轮启动器。在座舱后部有可收放空中加油受油口，在座舱顶部有夜间加油照明灯。此外，F-117的内部武器舱可选挂副油箱。

F-117"夜鹰"攻击机所使用的发动机

■ 航电设备对比

美国A-10"雷电"Ⅱ攻击机

A-10攻击机没有采用成本较高的航电火控，只能白天作战。其中重要设备设备包括AN/ALQ-131电子干扰吊舱和AN/ALR-69雷达告警接收机。

A-10"雷电"Ⅱ攻击机驾驶舱

苏联/俄罗斯SU-25"蛙足"攻击机

SU-25攻击机的机载电子系统颇为简单，机头风挡下面装有激光测距器及目标标识器，风挡前面及尾翼下部有SRO-2敌我识别系统天线。"警笛"3雷达告警系统的天线位于垂尾的上部。机头的顶部装有拍摄对地攻击效果的录像设备。座舱内安装自动驾驶仪和简单的导航系统。而且SU-25攻击机没有用于夜战的红外线夜视系统，所以在恶劣的天气下，其打击能力大减。

美国F-117"夜鹰"攻击机

F-117攻击机没有装备火控雷达，主要依靠位于风挡玻璃下面的双视场前视红外传感器进行探测和火控瞄准。该传感器窗口采用保形设计，覆盖有细小格栅，起到电磁屏蔽的作用，从而使得窗口与机体表面形成一个相对于电磁波而言平整的整体，降低了雷达横截面（RCS）。可收放的下视红外和激光指示仪位于前机身下前起落架舱右侧。

SU-25"蛙足"攻击机的驾驶舱

F-117"夜鹰"攻击机的驾驶舱

3.2 飞行炮艇：
美国AC-130 VS 美国AC-119
VS 美国AC-47

美国AC-130、AC-119、AC-47都是在运输机的基础上改造而成的攻击机，是一种在特定历史时期为特定战场定制的专用武器，只适用于己方掌握绝对制空权且敌方防空能力低下的作战环境。AC-130攻击机诞生于21世纪初，专门用于在掌握完全制空权的情况下，对地面武装力量提供火力支援。AC-119攻击机相比AC-47攻击机而言，这种飞机采用上单翼结构，因此，有利于在机身侧面布置武器。AC-47攻击机是以C-47运输机为基础的中型对地攻击机，在越南战争期间开发的该机种通常被用作密接空中支援用途，是一系列"空中炮艇"的首创之作。

AC-130攻击机示意图

AC-119攻击机示意图

AC-47攻击机示意图

AC-130攻击机

AC-119攻击机

AC-47攻击机

■ 基本参数对比

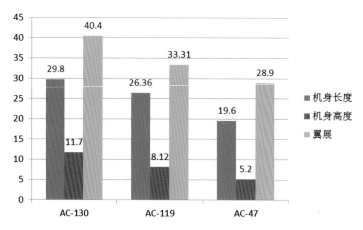

攻击机尺寸对比（单位：米）

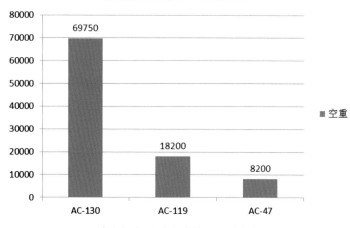

攻击机空重对比（单位：千克）

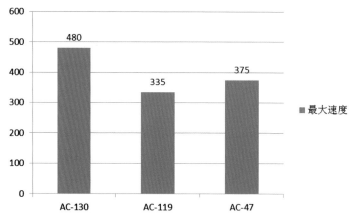

攻击机最大速度对比（单位：千米/小时）

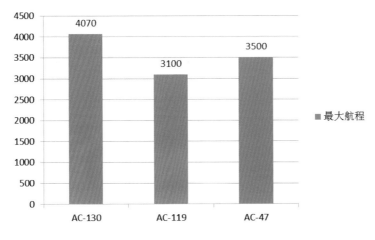

攻击机最大航程对比（单位：千米）

■ 建造背景概述

美国AC-130攻击机

AC-130攻击机是美国洛克希德公司以C-130"大力神"运输机为基础改装而成的"空中炮艇"机种，1966年首次试飞，1968年开始服役，总产量为47架。迄今为止，AC-130攻击机共出现过四种不同的版本，分别是洛克希德公司负责改装的AC-130A/E/H，以及洛克威尔负责改装的AC-130U。

AC-130攻击机发射热焰弹

美国AC-119攻击机

AC-119攻击机是美国费尔柴德公司在C-119运输机基础上改装的新一代"空中炮艇"，有AC-119G"暗影"（Shadow）和AC-119K"蜇刺"（Stinger）两种型号。该机于1968年开始服役，总产量为52架，主要用户为美国空军。

AC-119攻击机在高空飞行

美国AC-47攻击机

AC-47攻击机是美国道格拉斯飞机公司以C-47运输机为基础改进而来的中型攻击机，1965年开始服役，总产量为53架。除美国空军外，越南、老挝、印度尼西亚、菲律宾和哥伦比亚等国的空军也有装备。

航展上的AC-47攻击机

■ 机体构造对比

美国AC-130攻击机

AC-130攻击机采用上单翼、四发动机、尾部大型货舱门的机身布局，主起落架舱的设计很合理，起落架收起时处在机身左右两侧旁突起的流线形舱室内。

AC-130攻击机结构图

美国AC-119攻击机

AC-119攻击机是美国在C-119运输机基础上改装的攻击机，由于C-119运输机采用上单翼结构，所以有利于在机身侧面布置武器。作为AC-47"幽灵"攻击机的继任者，AC-119攻击机拥有更为强大的攻击火力。

AC-119攻击机结构图

美国AC-47攻击机

AC-47攻击机的机身较为短粗，呈流线形，后机身左侧有一个大舱门。机翼为悬臂式下单翼，尾翼由悬臂式的中平尾以及单垂尾组成，采用可收放后三点式起落架。

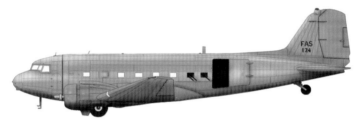

AC-47攻击机结构图

■ 机载武器对比

美国AC-130攻击机

AC-130攻击机装有各种不同口径的机炮，其中以AC-130U为例，机载武器包括2门20毫米M61"火神"机炮、1门40毫米L/60博福斯速射炮与1门105毫米M102榴弹炮。

AC-130攻击机及使用的弹药

美国AC-119攻击机

AC-119攻击机在C-119运输机基础上安装了2门20毫米M61A1机炮和4挺7.62毫米SUU-11/A机枪，除此之外，该攻击机还在机身右侧安装了LAU-74A照明弹发射器，有利于夜间作战，左侧则安装了一部AVQ-8氙探照灯。

基地中的AC-119攻击机

美国AC-47攻击机

AC-47攻击机通常装有3挺7.62毫米M134机枪或10挺7.62毫米M1919机枪。

AC-47攻击机停留在地面上

■ 动力装置对比

美国AC-130攻击机

AC-130系列攻击机使用了多种发动机，其中以最新的AC-130U攻击机为例，其动力装置为4台艾里逊T56-A-15发动机。

美国空军士兵正在检修AC–130攻击机的发动机

美国AC-119攻击机

AC-119攻击机的动力装置为2台赖特R-3350-85涡轮螺桨发动机，单台功率为2610千瓦。

AC–119攻击机使用的发动机

美国AC-47攻击机

AC-47攻击机的动力装置为2台R-1830辐射式发动机，单台功率为895千瓦。

AC–47攻击机所使用的R–1830发动机

■ 航电设备对比

美国AC-130攻击机

最新的AC-130U攻击机除了有强大的火力外，还装有休斯AN/APQ-180火控雷达、德州仪器AAQ-117前视红外仪以及洛克威尔ALQ-172电子干扰器等先进电子设备。

AC-130攻击机的驾驶舱

美国AC-119攻击机

AC-119攻击机有多种型号，其中AC-119G/K被命名为"战斗大黄蜂"，采用的电子设备包括前视红外系统、DPN-34雷达、20千瓦照明系统、SPR-3雷达和火控计算机。

AC-119攻击机的驾驶舱

美国AC-47攻击机

AC-47攻击机驾驶舱的左侧舷窗位置安装有Mk20 Mod4瞄准具，在飞行员的操纵盘上安装了可以控制单具吊舱射击或三具齐射的按钮。

AC-47攻击机的驾驶舱

3.3 海上雄鹰：
法国"超军旗" VS 英国/美国
AV-8B "海鹞" II

法国"超军旗"舰载攻击机和英美AV-8B"海鹞"II舰载垂直/短距起降攻击机都为同时代著名的舰载攻击机。就性能而言，前者与同时代的其他舰载攻击机相比并无突出之处，但是它的实战战果非常丰硕。AV-8B攻击机不是美国自行研制的机种，而是美军现役中极少数从外国引进，取得生产权的武器系统。该机的原始设计源自于英国的"鹞"式攻击机，在美国生产编号为AV-8A，用作近距离的空中支援和侦察。

"超军旗"攻击机示意图

AV-8B "海鹞" II攻击机示意图

"超军旗"攻击机

AV-8B"海鹞"Ⅱ攻击机

■ 基本参数对比

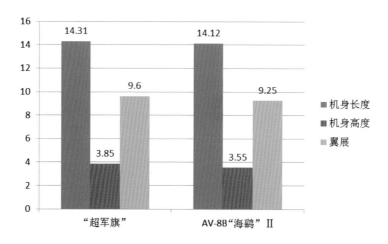

攻击机尺寸对比（单位：米）

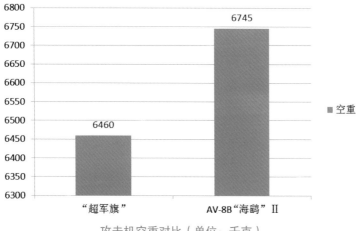

攻击机空重对比（单位：千克）

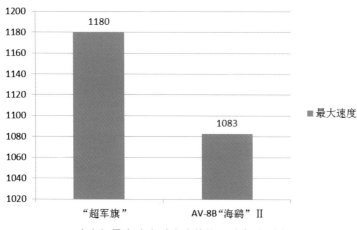

攻击机最大速度对比（单位：千米/小时）

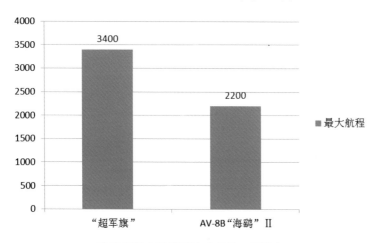

攻击机最大航程对比（单位：千米）

■ 建造背景概述

法国"超军旗"攻击机

"超军旗"攻击机源自于它的前身"军旗"Ⅳ攻击机，原计划取代"美洲豹"攻击机的海军型。"超军旗"攻击机的研制进度由于政治问题有所延缓，直到1974年10月才进行原型机的首次试飞。法国海军最初订购60架"超军旗"攻击机，1978年6月开始交付。此后，法国海军又增加了11架订单。除法国海军外，阿根廷海军也订购了14架"超军旗"攻击机。

"超军旗"攻击机准备起飞

英国/美国AV-8B"海鹞"Ⅱ攻击机

AV-8B攻击机的原始设计源自于英国的"鹞"式攻击机，用作近距离的空中支援和侦察。有鉴于AV-8A攻击机的性能不能完全满足美国海军陆战队的需要，尤其是在载弹量方面，于是，麦克唐纳·道格拉斯公司和英国宇航公司对其进行了改进，将AV-8A攻击机改进成为AV-8B攻击机。AV-8B攻击机的生产型于1981年11月首次试飞，1985年正式服役。

准备起飞的AV-8B"海鹞"Ⅱ攻击机

■ 机体构造对比

法国"超军旗"攻击机

"超军旗"攻击机采用45度后掠角中单翼设计，翼尖可以折起，机身呈蜂腰状，立尾的面积较大，后掠式平尾装在立尾的中部。

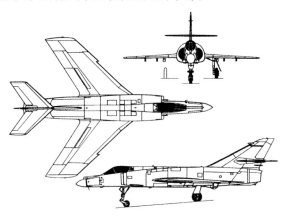

"超军旗"攻击机结构图

英国/美国AV-8B"海鹞"Ⅱ攻击机

AV-8B攻击机采用悬臂式上单翼，机翼后掠，翼根厚，翼稍薄。机翼下装有下垂副翼和起落架舱，两翼下各有一较小的辅助起落架，轮径较小，起飞后向上折叠。AV-8B攻击机在减重上下了很大的工夫，其中采用复合材料主翼是主要改进项目之一。据估计，以复合材料制造的主翼要比金属制作的同样的主翼轻150千克。AV-8B攻击机的机身前段也使用了大量的复合材料，减掉了大约68千克的重量。其他采用复合材料的部分包括升力提升装置、水平尾翼、尾舵，只有垂直尾翼、主翼与水平尾翼的前缘及翼端、机身中段及后段等处使用金属材料。

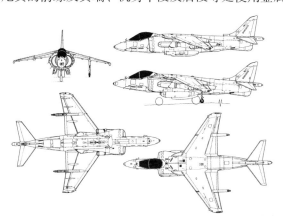

AV-8B"海鹞"Ⅱ攻击机结构图

■ 机载武器对比

法国"超军旗"攻击机

　　"超军旗"攻击机装有两门30毫米德发机炮，机身挂架可挂250千克炸弹，翼下4个挂架每个可携400千克炸弹，右侧机翼可挂1枚AM-39"飞鱼"空对舰导弹，还可挂R.550"魔术"空对空导弹或火箭弹等武器。

"超军旗"攻击机在高空飞行

英国/美国AV-8B"海鹞"Ⅱ攻击机

　　AV-8B攻击机的机身下装有1门25毫米GAU-12U机炮，备弹300发。该机还有7个外挂挂架，可挂载AIM-9L"响尾蛇"导弹、AGM-65"小牛"导弹，以及各类炸弹和火箭弹。

AV-8B"海鹞"Ⅱ攻击机进行编队飞行

■ 动力装置对比

法国"超军旗"攻击机

　　"超军旗"攻击机的动力装置为一台斯奈克玛公司的"阿塔"8K-50发动机，推力为49千牛。

"超军旗"攻击机所使用的发动机

英国/美国AV-8B"海鹞"Ⅱ攻击机

AV-8B攻击机的动力装置是一台劳斯莱斯F402-RR-408矢量推力涡扇发动机，其推力为105千牛。

工作人员正在处理AV-8B"海鹞"Ⅱ攻击机的一个独立的25毫米炮筒

■ 航电设备对比

法国"超军旗"攻击机

"超军旗"攻击机是第一种配有惯性导航系统的法国军用飞机，头部安装有一部I频段（8吉~10吉赫兹）龙舌兰单脉波雷达，拥有搜索、自动追踪及测距能力，有空对空及空对地模式，此外附有地形图像显示器，并能为主动雷达导引导弹提供目标资料。

英国/美国AV-8B"海鹞"Ⅱ攻击机

AV-8B攻击机采用AN/APG-65雷达，安装了前视红外探测系统及夜视镜等夜间攻击设备，夜间战斗能力很强。

AV-8B攻击机的驾驶舱

AV-8B"海鹞"Ⅱ攻击机机头特写

3.4 鹰击长空：
美国A-7"海盗"Ⅱ VS 英国"掠夺者" VS 法国"军旗"Ⅳ

　　美国A-7"海盗"Ⅱ、英国"掠夺者"、法国"军旗"Ⅳ都是舰载攻击机的型号，它们提升了航空母舰的攻击能力。A-7"海盗"Ⅱ是以F-8战斗机为蓝本进行开发的，用以取代A-4"天鹰"攻击机的亚音速攻击机，虽然原本仅针对美国海军航母操作而设计，但因其性能优异，后来也获美国空军接纳使用，总体来说它是美军历史上比较重要的一款攻击机，在许多战役中它的表现相当不错。"掠夺者"是在20世纪50年代中期设计的一种舰载低空海上攻击机，是60年代英国海军的"杀手锏"之一，它不仅在英海军和空军服役数十载，还在1990年的海湾战争做了精彩谢幕。"军旗"Ⅳ由达索公司在"军旗"的原设计基础上改进而来的一种舰载多用途战斗机，在90年代被"超军旗"舰载攻击机所取代。

A-7"海盗"Ⅱ攻击机示意图

"掠夺者"攻击机示意图

"军旗"Ⅳ攻击机示意图

A-7"海盗"Ⅱ攻击机

"掠夺者"攻击机

"军旗"Ⅳ攻击机

■ 基本参数对比

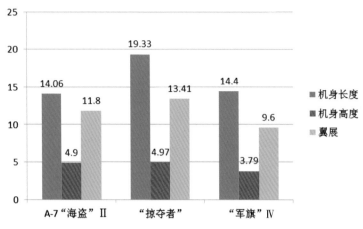

攻击机尺寸对比（单位：米）

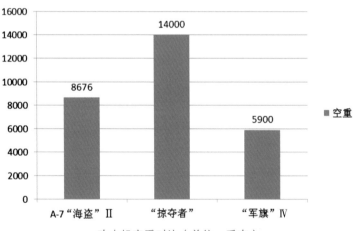

攻击机空重对比（单位：千克）

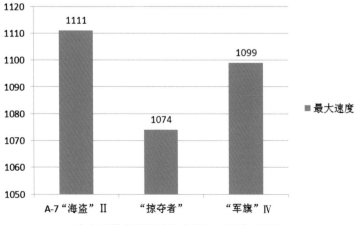

攻击机最大速度对比（单位：千米/小时）

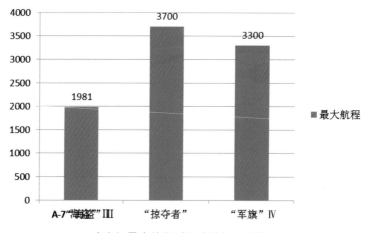

攻击机最大航程对比（单位：千米）

■ 建造背景概述

美国A-7"海盗"Ⅱ攻击机

A-7攻击机是1963年5月美国海军"轻型攻击机"设计竞标的产物，该竞标旨在寻求一种替代A-4"天鹰"攻击机的新机型，首要任务是投送常规武器而不是核武器。美国海军对低成本飞机感兴趣，于是规定新机型的研制要基于现有设计。另外为了节省更多的经费，没有要求新机型具备超音速性能。1964年2月，美国海军最后选定沃特飞机公司的方案，并签订了制造3架原型机的合同。1965年9月27日，A-7攻击机首次试飞。1965 年11月10日，A-7攻击机的绰号正式定为"海盗"Ⅱ，以表彰沃特飞机公司在二战时期研制了著名战斗机F4U"海盗"。

A-7"海盗"Ⅱ攻击机下方视角

英国"掠夺者"攻击机

"掠夺者"（Buccaneer）攻击机是英国布莱克本公司研制的双发双座攻击

机，1958年4月首次试飞，1962年7月开始服役，主要用户为英国皇家海军、英国皇家空军和南非空军。

"掠夺者"攻击机从战舰起飞

法国"军旗"Ⅳ攻击机

"军旗"Ⅳ攻击机是一种轻型舰载攻击机，主要任务是对舰、对地攻击，同时也可执行照相及侦察任务。原版达索航空公司以"军旗"攻击机参加北约轻型攻击机的竞标，但却败给了意大利菲亚特公司的G91Y攻击机。随后，达索航空公司在"军旗"攻击机的基础上研发了一种更大的攻击机，就是"军旗"Ⅳ攻击机。

"军旗"Ⅳ攻击机在高空飞行

■ 机体构造对比

美国A-7"海盗"Ⅱ攻击机

A-7攻击机是一种上单翼单座战术攻击机，进气口位于机头雷达罩下方。后掠式机翼有明显的下反角，水平尾翼有上反角，垂直尾翼上端切去一角，以降低机身高度，便于在航空母舰上停放。机身为全金属半硬壳式，机身上的舱门和检查口盖比较多，便于维护。中机身下侧有一块大减速板。油箱、发动机及座舱部位的机身下侧均有防护装甲。主起落架是单轮式，向前收起放在机身两侧的轮舱内。前起落架为双轮式，向后收起。

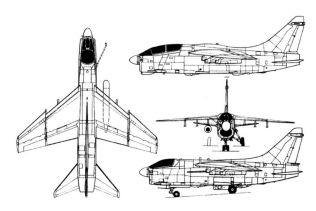

A-7"海盗"Ⅱ攻击机结构图

英国"掠夺者"攻击机

"掠夺者"攻击机机翼为悬臂中单翼。内翼段有两根高强度合金钢前、后梁和一根铝合金辅助梁，外翼段只有两根铝合金大梁。内、外翼后缘分别为襟翼和副翼，两者均为铝合金铆接件。副翼用复串联作动筒操纵，可与内侧襟翼一起放下形成全翼展后缘襟翼。机翼采用前缘和后缘吹气附面层控制，用以提高起飞着陆时机翼的升力。机身为全金属半硬壳结构，分为头部、座舱、中机身、后机身和减速尾锥。雷达罩用多层玻璃布制成，并蒙有氯丁橡胶抗腐蚀层。尾翼为悬臂全金属T形尾翼。起落架采用可收放前三点起落架。主起落架用液压向内侧收入发动机短舱下方的轮舱内，前起落架向后收入前机身座舱下面。前、主起落架均为单轮，均采用全油液减振支柱。

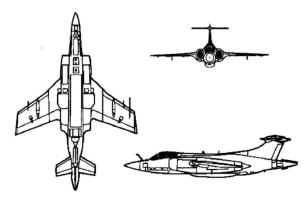

"掠夺者"攻击机结构图

法国"军旗"IV攻击机

"军旗"IV攻击机采用后掠翼带平尾布局，前三点式起落架。

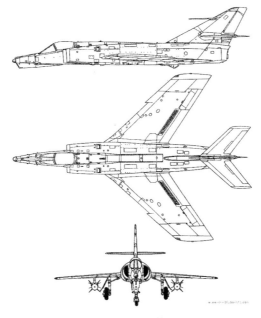

"军旗"IV结构图

■ 机载武器对比

美国A-7"海盗"II攻击机

A-7攻击机的固定武器为1门20毫米M61"火神"机炮，备弹1030发。机身座舱下方两则各有一个能挂227千克载荷的导弹挂架，一般只能挂空对空导弹或空对地导弹。机翼下共有6个挂架，可以选挂炸弹、核弹、火箭弹或电子干扰舱、机炮舱、副油箱等，靠内侧的挂架可挂1134千克的载荷，外侧的两个挂架均可挂1587千克的载荷。

A-7"海盗"II攻击机正在投放炸弹

英国"掠夺者"攻击机

"掠夺者"攻击机没有安装固定机炮，只有四个外挂点和一个旋转弹仓。旋转弹仓可携带4枚454千克Mk 10炸弹，四个外挂点可携带AIM-9"响尾蛇"空对空导弹、AS-37"玛特拉"反辐射导弹、"海鹰"反舰导弹等武器。

"掠夺者"攻击机在高空飞行

法国"军旗"Ⅳ攻击机

"军旗"Ⅳ攻击机的固定武器是2门30毫米德发机炮，每门备弹150发。该机共有5个外部挂架，最大载弹量为1360千克。

"军旗"Ⅳ攻击机前侧方特写

■ 动力装置对比

美国A-7"海盗"Ⅱ攻击机

A-7攻击机的动力装置为1台TF41-A-2非加力发动机，推力为66.7千牛。

展览中的TF41-A-2发动机

英国"掠夺者"攻击机

"掠夺者"攻击机的动力装置为两台劳斯莱斯RB.168-1A"斯贝"101涡扇发动机，单台推力49千牛。机身内8个整体油箱的总载油量为7092升。此外，弹舱门下可挂一个1932升副油箱，也可在弹舱内带一个2000升油箱和在翼下内侧挂架上挂一对1955升副油箱。在头部左侧有可拆卸的空中加油受油杆。用作空中加油机时，总载油量可达12979升，在右翼下内侧挂架上挂一个MK20B或MK20C型空中加油输油箱。

"掠夺者"攻击机使用的发动机

法国"军旗"Ⅳ攻击机

"军旗"Ⅳ攻击机的动力装置是一台斯奈克玛公司的"阿塔"8B发动机。

"军旗"Ⅳ攻击机使用的发动机

■ 航电设备对比

美国A-7"海盗"Ⅱ攻击机

A-7攻击机第一种量产的机型为A-7A，配备一具AN/APN-153导航雷达及一具AN/APQ-99对地攻击雷达。A-7B则采用新型的AN/APQ-116地貌导航雷达取代原本的AN/APQ-115雷达。

A-7"海盗"Ⅱ攻击机的驾驶舱

英国"掠夺者"攻击机

"掠夺者"攻击机标准设备包括高频和超高频－甚高频通信设备、大气数据系统、多普勒雷达导航系统、主陀螺仪、附带地形告警的搜索和火控雷达、攻击瞄准和计算系统。

"掠夺者"攻击机的驾驶舱

法国"军旗"Ⅳ攻击机

"军旗"Ⅳ攻击机有不同机型，且功能也不尽相同。基本型号"军旗"Ⅳ装备有马丁·贝克公司研发的MK-N4A弹射座椅。改进型"军旗"ⅣP在设计上进行了改进，拆除了机头和机腹部位的攻击电子设备和机炮，腾出的空间用来安装照相器材和一套独立导航系统。

"军旗"Ⅳ攻击机的驾驶舱

第4章 轰炸机巅峰对决

轰炸机是用来从空中对地面或水上、水下目标进行轰炸的战机，有装置炸弹、导弹等的专门设备和防御性的射击武器，具有载弹量大、飞行距离远的特点。

4.1 空中威慑：
美国B-1B"枪骑兵" VS 苏联/俄罗斯Tu-160"海盗旗" VS 美国B-2"幽灵" VS 苏联/俄罗斯Tu-22M"逆火"

　　美国B-1B"枪骑兵"、苏联/俄罗斯Tu-160"海盗旗"、苏联/俄罗斯Tu-22M"逆火"都是超音速变后掠翼远程战略轰炸机，美国B-2"幽灵"轰炸机是由诺斯罗普和波音公司联合麻省理工学院为美国空军研制的轰炸机。B-1B"枪骑兵"轰炸机在冷战末期开始使用，截至2013年仍有至少60架在美国空军服役，为美国空军战略威慑的主要力量之一。Tu-160"海盗旗"轰炸机是世界上最大的轰炸机，同时也装备着世界上推力最强劲的军用航空发动机，旨在替换Tu-22M轰炸机，并与美国空军的B-1轰炸机相抗衡，其速度、体积、航程均超过美国B-1轰炸机。Tu-22M"逆火"轰炸机是在Tu-22的基础上进行改进的，在航程和性能上相比于Tu-22都有很大提升。目前Tu-22M虽然早已停产，但是依然有160余架在俄罗斯服役。B-2"幽灵"轰炸机是当今世界上唯一一种隐身战略轰炸机，最主要的特点就是低可侦测性，即俗称的隐身能力，其作战航程很大，美国空军称其具有"全球到达"和"全球摧毁"的能力，另一方面，它的单机造价为24亿美元，令人咋舌。

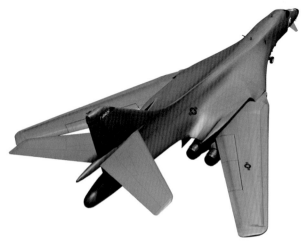

B-1B"枪骑兵"轰炸机示意图

Tu-160"海盗旗"轰炸机示意图

B-2"幽灵"轰炸机示意图

Tu-22M"逆火"轰炸机示意图

B-1B "枪骑兵" 轰炸机

Tu-160 "海盗旗" 轰炸机

B-2 "幽灵" 轰炸机

Tu-22M "逆火" 轰炸机

■ 基本参数对比

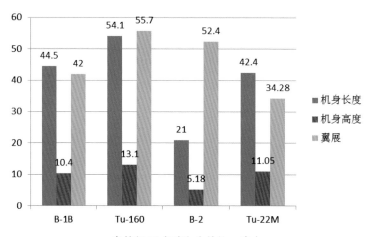

轰炸机尺寸对比（单位：米）

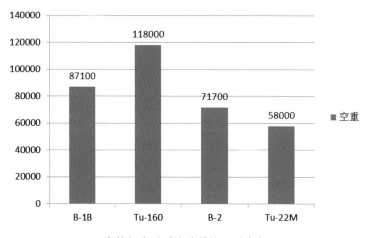

轰炸机空重对比（单位：千克）

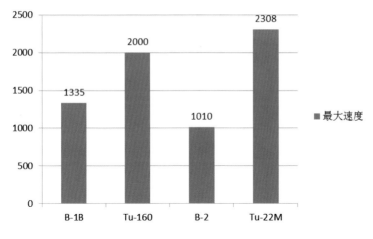

轰炸机最大速度对比（单位：千米/小时）

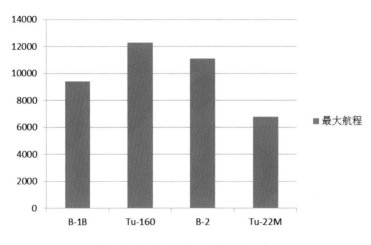

轰炸机最大航程对比（单位：千米）

■ 建造背景概述

美国B-1B "枪骑兵" 轰炸机

早在20世纪50年代末，美国空军就已经计划发展战略轰炸机XB-70，但该计划后来流产。在放弃B-70后，美国空军又计划发展一种以音速低空进攻为主的轰炸机。70年代，北美航空提出以B-70的技术为基础研制B-1轰炸机，造出4架B-1A原型机，并于1974年首次试飞，后由于造价昂贵遭到卡特总统取消。1981年，里根总统上任后，美国空军恢复了订购。新的B-1B原型机于1983年3月首飞，1985年开始批量生产。

B-1B"枪骑兵"轰炸机在高空飞行

苏联/俄罗斯Tu-160"海盗旗"轰炸机

20世纪70年代，美国提出了B-1"枪骑兵"轰炸机的制造计划，得知此消息后，苏联方面也不甘落后，开始筹划类似"枪骑兵"的新型轰炸机。随后，图波列夫设计局在参考了"枪骑兵"轰炸机的设计后，融合自身的先进技术设计出了Tu-160"海盗旗"轰炸机。该机于1981年首次试飞，1987年正式服役。

Tu-160"海盗旗"轰炸机上方视角

美国B-2"幽灵"轰炸机

1981年10月20日，诺斯罗普/波音团队打败洛克希德/洛克威尔团队，赢得先进技术轰炸机（Advanced Technology Bomber，简称ATB）计划，在麻省理工学院科学家的协助下为美国空军研制生产新型轰炸机。1989年7月，B-2原型机首次试飞，之后又经历了军方进行的多次试飞和严格检验，生产厂家还不断根据空军所提出的种种意见而进行修改。1997年，B-2轰炸机正式服役。因造价太过昂贵和保养维护复杂的原因，B-2轰炸机至今一共只生产了21架。

B-2"幽灵"轰炸机与两架战斗机组成的编队

苏联/俄罗斯Tu-22M"逆火"轰炸机

Tu-22M轰炸机的前型Tu-22"眼罩"轰炸机是苏联第一种超音速轰炸机,性能和航程不是非常令人满意,飞机加满油和导弹后,根本无法进行超音速飞行,也无法有效规避当时北约的战机和防空导弹的拦截。因此,苏军对此轰炸机并不满意,只是少量装备,并责成各设计局开发下一代超音速轰炸机来取代Tu-16和Tu-22。1967年11月,图波列夫设计局的方案被选中,其最终成果就是Tu-22M轰炸机。该机于1969年8月首次试飞,1972年正式服役。

Tu-22M"逆火"轰炸机前方特写

■ 机体构造对比

美国B-1B"枪骑兵"轰炸机

B-1B轰炸机的机身修长,前机身布置四座座舱,尾部安装有巨大的后掠垂尾,垂尾根部的背鳍一直向前延伸至机身中部。全动平尾安装在垂尾下方,位置较高。该机的机身中段向机翼平滑过渡，形成翼身融合，可增加升力减轻阻力。另外，机身的设计还注重降低雷达截面积，以降低被敌防空系统发现的概率。双轮前起落架有液压转向装置，向前收在机鼻下方的起落架舱中。主起落架安装在机腹下方发动机短舱之间，采用四轮小车式机轮，向上收入机腹。由于采用可变后掠翼，B-1B轰炸机能从跑道长度较短的民用机场起飞作战。

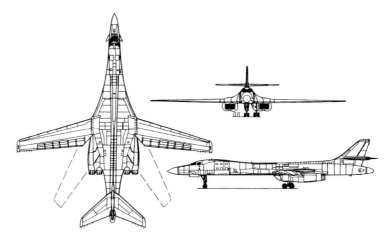

B-1B"枪骑兵"轰炸机结构图

苏联/俄罗斯Tu-160"海盗旗"轰炸机

Tu-160轰炸机是苏联/俄罗斯核战略遏制力量的中坚，因其白色的外形和灵巧的身手获得"白天鹅"的美名。该机采用变后掠翼布局，机翼较低，采用翼身融合体技术。翼身融合体结构为减少雷达反射波做了修形设计。机体结构大量使用了钛金属。

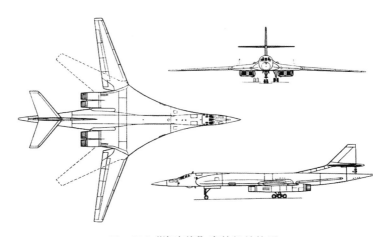

Tu-160"海盗旗"轰炸机结构图

美国B-2"幽灵"轰炸机

B-2轰炸机没有垂尾或方向舵，机翼前缘与机翼后缘和另一侧的翼尖平行。飞机的中间部位隆起，以容纳座舱、弹舱和电子设备。中央机身两侧的隆起是发动机舱，机身尾部后缘为W形锯齿状，边缘也与两侧机翼前缘平行。由于飞翼的机翼前缘在机身之前，为了使气动中心靠近重心，也需要将机翼后掠。

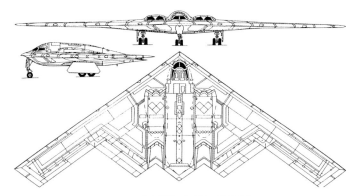

B-2"幽灵"轰炸机结构图

苏联/俄罗斯Tu-22M"逆火"轰炸机

Tu-22M轰炸机的机身为普通半硬壳结构，机翼前的机身截面为圆形。该机最大的特色在于变后掠翼设计，低单翼外段的后掠角可在20度～55度之间调整，垂尾前方有长长的脊面。在轰炸机尾部设有一个雷达控制的自卫炮塔。起落架为可收放前三点式，主起落架为多轮小车式，可向内收入机腹。

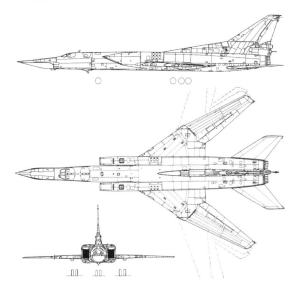

Tu-22M"逆火"轰炸机的结构图

■ 机载武器对比

美国B-1B "枪骑兵"轰炸机

B-1B轰炸机拥有3个机内武器舱，机身下有6个外挂点，机内武器舱最大挂重为34050千克，所有外挂点最大载重量26786千克。B-1B机内武器舱主要携带AGM-86B空射巡航导弹、AGM-69短距攻击导弹、联合直接攻击弹药、Mk 82通用炸弹以及Mk 83、Mk 84普通炸弹等。外挂点携带AGM-69空射巡航导弹。B-1B还可携带30枚传感器引信武器系统（SFW）。

B-1B "枪骑兵"轰炸机投下炸弹

苏联/俄罗斯Tu-160 "海盗旗"轰炸机

Tu-160轰炸机机身下部有两个武器舱，可携带巡航导弹、短距攻击导弹、核弹、常规炸弹和鱼雷等多种武器。同时具有完备的火控、导航系统。它的两座武器舱均可容纳一个能发射6枚AS.15 "撑竿"亚音速空射巡航导弹的旋转发射架。同时也可以更换挂架携带常规炸弹。

Tu-160 "海盗旗"轰炸机准备进行空中加油

美国B-2"幽灵"轰炸机

B-2轰炸机的两个旋转弹架能携带16枚AGM-129型巡航导弹，也可携带80枚Mk 82型或16枚Mk 84型普通炸弹或36枚CBU-87型集束炸弹，使用新型的TSSM远程攻击弹药时携弹量为16枚。当使用核武器时可携带16枚B63型核炸弹。此外，AGM-129型巡航导弹也可装载核弹头。2002年2月，B-2增加了使用联合防区外空对地导弹JASSM的能力。该机外翼段内部的大多数空间被油箱占据，发动机舱之间的机身下方并列布置了两个大型弹舱，每个弹舱可挂载波音研制的先进旋转挂架，可挂载8枚908千克级弹药，也可安装两个炸弹挂架组件以挂载常规弹药。

跑道上的B-2"幽灵"轰炸机

苏联/俄罗斯Tu-22M"逆火"轰炸机

Tu-22M轰炸机装有1门23毫米双管机炮，除此之外，Tu-22M轰炸机还可挂载21000千克的炸弹和导弹。其中机翼和机腹下可挂载3枚Kh-22空对地导弹，机身武器舱内有旋转发射架，可挂载6枚RKV-500B短距攻击导弹，也可挂载各型精确制导炸弹，如69枚FAB-250炸弹或8枚FAB-1500炸弹。

Tu-22M"逆火"轰炸机准备起飞

■ 动力装置对比

美国B-1B"枪骑兵"轰炸机

B-1B轰炸机安装4台带加力的F101-GE-102加力涡轮风扇发动机，单台质量为1814千克。

展览中的F101-GE-102加力涡轮风扇发动机

苏联/俄罗斯Tu-160"海盗旗"轰炸机

Tu-160轰炸机翼下装有4台库兹涅佐夫NK-32加力涡扇发动机，单台最大推力137.3千牛，加力推力245千牛，发动机质量为3400千克。这四台发动机分别并列安装在靠近机身的两翼下，产生的推力大大超过B-1B轰炸机。

工作人员正在检测NK-32加力涡扇发动机

美国B-2"幽灵"轰炸机

B-2轰炸机采用4台通用电气公司的F118-GE-100无后燃器涡轮风扇发动机，单台最大推力77千牛。

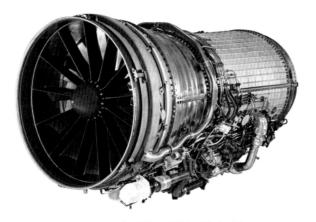

B-2"幽灵"轰炸机所使用的发动机

苏联/俄罗斯Tu-22M"逆火"轰炸机

Tu-22M轰炸机的动力装置为2台库兹涅佐夫NK-25涡扇发动机，Tu-22M2型使用的是HK-22涡扇发动机，Tu-22M3型则使用HK-25涡扇发动机。

Tu-22M"逆火"轰炸机使用的发动机

■ 航电设备对比

美国B-1B"枪骑兵"轰炸机

B-1B轰炸机装备了诺斯罗普·格鲁曼公司的APQ-164火控雷达。该雷达使用电子扫描相位阵列天线，具有强大的地形跟踪能力和极高的扫描频率，工作模式多样化，这使得B-1B能够精确定位、完成气象探测，做地形回避、地形跟踪等低空突防动作。最终该雷达将捕捉到目标，引导B-1B的各种武器准确攻击。

B-1B"枪骑兵"轰炸机的驾驶舱

苏联/俄罗斯Tu-160"海盗旗"轰炸机

Tu-160安装有齐备的火控、导航系统,有能够在远距离预先发现地面和海上目标的预警雷达。此外还安装了光电瞄准具、地形跟踪系统、主动/被动的电子对抗系统和空中加油系统等。飞行操纵采用中央驾驶杆,驾驶舱内的仪表设备有传统的,也有机械电子的。在驾驶舱内还有休息室、厕所和食品加热柜等。Tu-160还装有攻击和防御用的电子设备,其体积和重量超过B-1B轰炸机。

Tu-160"海盗旗"轰炸机的驾驶舱

美国B-2"幽灵"轰炸机

B-2轰炸机的导航系统最初由两套系统组成,每套都可以单独导航,但一起工作时精度会更高。一个是惯性测量单元,另一个是诺斯罗普NAS-26天文惯性单元。B-2的机载雷达为AN/APQ-181相控阵雷达,由休斯公司制造。这种相控阵有2个雷达天线阵列,特点是不需外加旋转或摇摆式天线,只通过信号阵位的改变和组合,可对不同角度和不同方位进行扫描。

B-2"幽灵"轰炸机的驾驶舱

苏联/俄罗斯Tu-22M"逆火"轰炸机

Tu-22M轰炸机的机载设备较新,包括具有陆上和海上下视能力的远距探测雷达。

Tu-22M"逆火"轰炸机的驾驶舱

4.2 中程精英:
英国"胜利者" VS 法国"幻影" IV

轰炸机在二战期间是一种得到广泛应用的机型,英国"胜利者"和法国"幻影"IV是二战后欧洲中程战略轰炸机的代表之作。英国"胜利者"是一款喷气式战略轰炸机,即"3V"轰炸机之一,从1957年11月生产型交付使用,到1993年退役，它在海湾战争中证明了自己，其任务执行成功率达到了100%。法国"幻影"Ⅳ战略轰炸机是世界上外形尺寸最小的战略轰炸机之一，主要用于携带核弹或核巡航导弹高速突破防守，攻击敌战略目标，具有一定的核威慑能力。

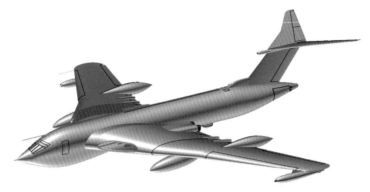

"胜利者"轰炸机示意图

"幻影"Ⅳ轰炸机示意图

"胜利者"轰炸机

"幻影"Ⅳ轰炸机

■ 基本参数对比

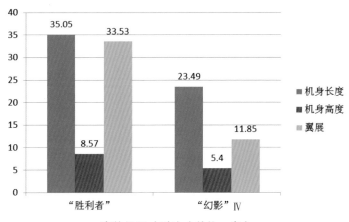

轰炸机尺寸对比（单位：米）

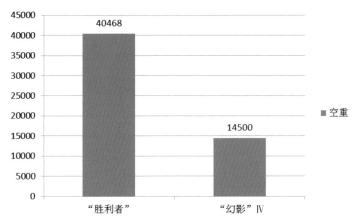

轰炸机空重对比（单位：千克）

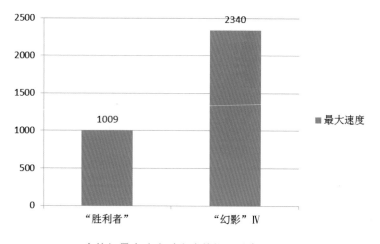

轰炸机最大速度对比（单位：千米/小时）

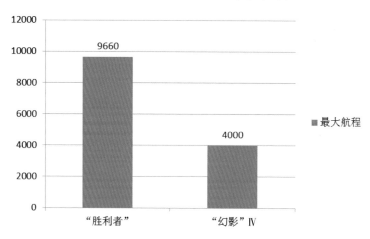

轰炸机最大航程对比（单位：千米）

■ 建造背景概述

英国"胜利者"轰炸机

汉德利·佩季公司曾在二战中成功推出"哈利法克斯"轰炸机，战争结束后，汉德利·佩季公司开始将目光投向新式的先进轰炸机，英国空军部对此颇感兴趣。1949年，英国空军部与汉德利·佩季公司签订了原型机研制合同，共制造两架原型机。在汉德利·佩季公司内部，最初的设计编号为HP.75，后发展成HP.80，最后定名为"胜利者"轰炸机。该机于1952年12月24日首次试飞，1958年4月开始服役。

"胜利者"轰炸机正在起飞

法国"幻影"IV轰炸机

1956年，法国为建立独立的核威慑力量，在优先发展导弹的同时，也由空军负责组织研制一种能携带原子弹执行核攻击的轰炸机。南方飞机公司和达索航空公司展开了竞争，前者推出了轻型轰炸机"秃鹰"II的改进型"超秃鹰"4060轰炸机，后者研制"幻影"III战斗机的发展型"幻影"IV轰炸机。法国空军最后选中了"幻影"IV轰炸机，该机于1959年6月17日首次试飞，1964年10月1日开始服役。

"幻影"IV轰炸机起飞瞬间

■ 机体构造对比

英国"胜利者"轰炸机

"胜利者"轰炸机采用月牙形机翼和高平尾布局，四台发动机装于翼根，采用两侧翼根进气。由于机鼻雷达占据了机鼻下部的非密封隔舱，座舱一直延伸到机鼻，提供了更大的空间和更佳的视野。该机的机身采用全金属半硬壳式破损安全结构，中部弹舱门用液压开闭，尾锥两侧是液压操纵的减速板。尾翼为全金属悬臂式结构，采用带上反角的高平尾，以避开发动机喷流的影响。垂尾和平尾前缘均用电热除冰。

"胜利者"轰炸机结构图

法国"幻影"Ⅳ轰炸机

"幻影"Ⅳ轰炸机沿用了"幻影"系列传统的无尾大三角翼的布局，机翼为全金属结构的悬臂式三角形中单翼，前缘后掠角 60 度，主梁与机身垂直，后缘处有两根辅助梁，与前缘大致平行。机身为全金属半硬壳式结构，机头前端是空中加油受油管。机身前端下方是前起落架舱，起落架为液压收放前三点式，前起落架为双轮，可操纵转向，向后收入机身。主起落架采用四轮小车式，可向内收入机身。

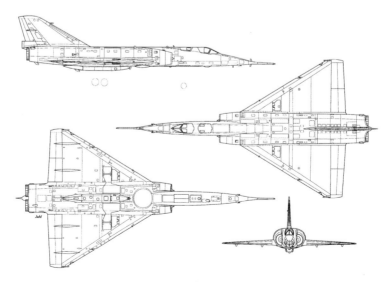

"幻影"Ⅳ轰炸机结构图

■ 机载武器对比

英国"胜利者"轰炸机

"胜利者"轰炸机没有固定武器，可在机腹下半埋式挂载1枚"蓝剑"核导弹，或在弹舱内装载35枚454千克常规炸弹，也可在机翼下挂载4枚美制"天弩"空对地导弹（机翼下每侧2枚）。

"胜利者"轰炸机前方特写

法国"幻影"Ⅳ轰炸机

"幻影"Ⅳ轰炸机基本型的主要武器为半埋在机腹下的1枚AN–11或AN–22核弹，或16枚454千克常规炸弹，或1枚ASMP空对地核打击导弹。

基地中的"幻影"Ⅳ轰炸机

■ 动力装置对比

英国"胜利者"轰炸机

　　"胜利者"轰炸机的动力装置为4台阿姆斯特朗"蓝宝石"发动机，单台推力为49.27千牛。

"胜利者"轰炸机使用的"蓝宝石"发动机

法国"幻影"Ⅳ轰炸机

　　"幻影"Ⅳ轰炸机的动力装置为两台"阿塔"9K-50加力式涡轮喷气发动机，进气道装有半锥形可调进气锥。在每个发动机进气道外侧的双层蒙皮之间，进气道和发动机的下面，以及垂尾的前缘部分，都装有油箱。空中加油装置装在机头。为了在小场地起飞，翼下可装两组共6个助推器。

"幻影"Ⅳ轰炸机使用的发动机

■ **航电设备对比**

英国"胜利者"轰炸机

"胜利者"轰炸机机头装有雷达，尾锥内装有电子对抗装置。

"胜利者"轰炸机的驾驶舱

法国"幻影"Ⅳ轰炸机

"幻影"Ⅳ轰炸机的电子设备包括汤姆逊–CSF公司的DR–AA8A轰炸雷达，多普勒脉冲雷达，弹道计算机，电子对抗系统以及为缓解远程奔袭中飞行员疲劳而设计的自动驾驶仪。

"幻影"Ⅳ轰炸机的驾驶舱

4.3 英伦双雄：
英国"勇士" VS 英国"火神"

　　说起战略轰炸机，除了俄罗斯和美国的轰炸机之外，不得不提的就是英国的"3V"轰炸机了，其中就包括英国"勇士"轰炸机和"火神"轰炸机。"勇士"轰炸机是英国"3V"轰炸机最早的型号，是英国战略核打击的重要力量。"火神"中程战略轰炸机是世界上最早出现的三角翼轰炸机，该机开始用作执行中程战略轰炸任务，后改为执行常规轰炸任务。

"勇士"轰炸机示意图

"火神"轰炸机示意图

"勇士"轰炸机

"火神"轰炸机

■ 基本参数对比

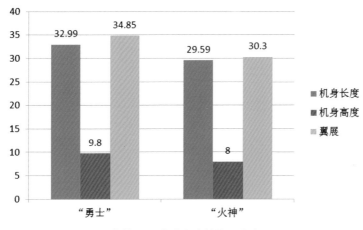

轰炸机尺寸对比（单位：米）

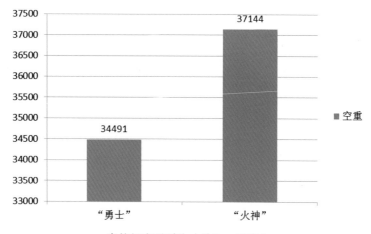

轰炸机空重对比（单位：千克）

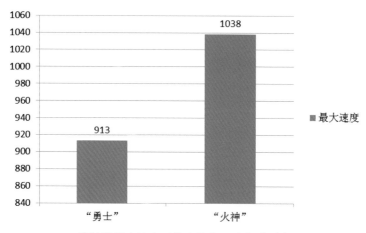

轰炸机最大速度对比（单位：千米/小时）

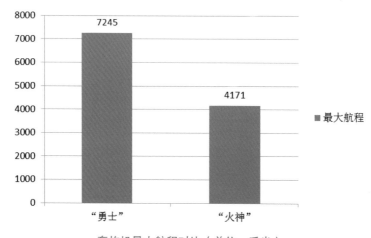

轰炸机最大航程对比（单位：千米）

■ 建造背景概述

英国"勇士"轰炸机

1947年1月，英国空军部向英国各大飞机制造商发出了方案征集邀请，目标是研制一种可以和美国、苏联所拥有的同类型战机相媲美的喷气式中程轰炸机。由于汉德利·佩季公司和阿芙罗公司两家提出的方案难分伯仲，于是就作为双保险被一并采纳，这就是日后鼎鼎大名的"3V"轰炸机中的两位主力成员："胜利者"轰炸机和"火神"轰炸机。

然而，另一家竞争者维克斯·阿姆斯特朗公司却不甘心就此放弃，其首席设计师乔治·爱德华兹向英国空军部许诺，维克斯·阿姆斯特朗公司能够在1951年交付原型机，1953年就可以投入批量生产。在更先进的轰炸机服役之前，维克斯·阿姆斯特朗公司完全可以帮助英国空军渡过难关。于是，在"胜利者"轰炸机和"火神"轰炸机之外，英国又有了第三种用途基本相同的轰炸机——"勇士"轰炸机。第一架生产型"勇士"轰炸机在1953年12月首次试飞，1955年1月交付英国空军使用。

"勇士"轰炸机侧面视角

英国"火神"轰炸机

"火神"轰炸机起源于1947年英国空军部的高空远程核打击轰炸机招标，当时阿芙罗公司提交了698型方案。由于698型符合英国空军部的要求，双方在1947年签订了研制合同，内容包括制造一架模型机、几架试验机以及两架原型机。1952年8月，"火神"轰炸机第一架原型机首次试飞。1956年夏季，"火神"轰炸机生产型投入使用。

"火神"轰炸机后方视角

■ 机体构造对比

英国"勇士"轰炸机

"勇士"轰炸机采用悬臂式上单翼设计，机翼尺寸巨大，所以翼根的相对厚度被控制在12%，以利于空气动力学。"勇士"轰炸机的机组成员为5人，包括正副驾驶、2名领航员和1名电子设备操作员。所有的成员都被安置在一个蛋形的增压舱内，不过只有正副驾驶员拥有弹射座椅，所以在发生事故或被击落时，其他机组成员只能通过跳伞逃生。

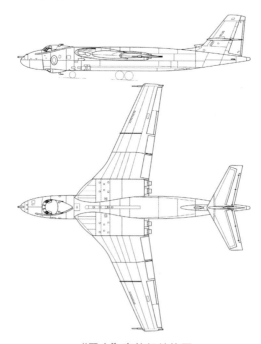

"勇士"轰炸机结构图

英国"火神"轰炸机

"火神"轰炸机采用无尾三角翼气动布局，是世界上最早的一种三角翼轰炸机。"火神"拥有一个面积很大的副悬臂三角形中单翼，前缘后掠角50度。机身断面为圆形，机头有一大的雷达罩，上方是突出的座舱顶盖。座舱内坐有正副驾驶员、电子设备操作员、雷达操作员和领航员，机头下有投弹瞄准镜。前三点起落架可收入机内，主起落架为四轮小车型。

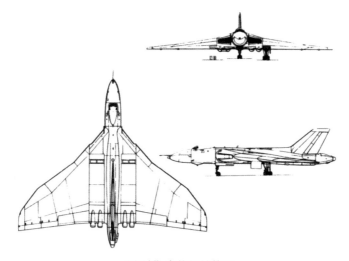

"火神"轰炸机结构图

■ 机载武器对比

英国"勇士"轰炸机

"勇士"轰炸机可以在弹舱内挂载1枚4500千克的核弹或者21枚 450千克常规炸弹。此外，它还可以在两侧翼下各携带1个7500升的副油箱，用于增大飞机航程。

"勇士"轰炸机准备起飞

英国"火神"轰炸机

"火神"轰炸机的机腹有一个长8.5米的炸弹舱，其首要任务是核打击，当然也能实施常规轰炸，通常的挂载方案是21枚450千克炸弹，挂载在弹舱内的三个串列挂架上，投弹时交错投放以保持重心平衡。执行核打击任务时，"火神"轰炸机可挂载"蓝色多瑙河""紫罗兰俱乐部""黄日"和"红胡子"等核弹。

存放在机库中的"火神"轰炸机及其配套炸弹

■ 动力装置对比

英国"勇士"轰炸机

"勇士"轰炸机在两侧翼根处各安装有两台"埃汶"发动机，但是它的发动机保养和维修比较麻烦，且一旦某台发动机发生故障，很可能会影响到紧邻它的另一台发动机。

"勇士"轰炸机使用的"埃汶"发动机

英国"火神"轰炸机

"火神"轰炸机的发动机为4台奥林巴斯301型喷气发动机，安装在翼根位置，进气口位于翼根前缘。

"火神"轰炸机及使用的发动机

■ 航电设备对比

英国"勇士"轰炸机

"勇士"轰炸机曾被改装成"无线电对抗机",当时"电子对抗"(ECM)被称为"无线电对抗"(RCM)。它安装有 AN/APT-16A、AN/ALT-7、"空中雪茄"和"地毯"干扰发射机,AN/APR-4和AN/APR-9雷达截获接收机,以及干扰箔条发射器。

"勇士"轰炸机的驾驶舱

英国"火神"轰炸机

"火神"轰炸机的航电设备包括:"绿棕榈"语音频道干扰机、ARI 18075"蓝色潜水员"低波段干扰机、ARI 18076"红虾"高波段干扰机、ARI 18105"蓝色传奇"雷达告警接收机、ARI 18051箔条投放器和ARI 5919"红犍牛"尾部预警雷达。

"火神"轰炸机的驾驶舱

4.4 远程战士：
苏联/俄罗斯Tu-95"熊" VS 美国B-52"同温层堡垒"

　　Tu-95"熊"轰炸机和B-52"同温层堡垒"轰炸机为同一时期苏联/俄罗斯和美国的远程战略轰炸机，它们都完成了由战术轰炸机到战略导弹轰炸机的演变，在某些性能上很相似，两者的航程都能超过1万千米，均能进行跨洲飞行。两者实用升限相同，速度相当。另外这两款轰炸机的服役年限都已超过60年，目前仍在服役。

Tu-95"熊"轰炸机示意图

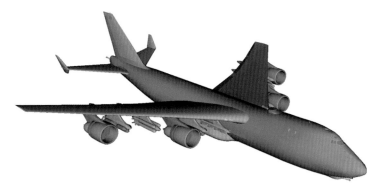

B-52"同温层堡垒"轰炸机示意图

Tu-95"熊"轰炸机

B-52"同温层堡垒"轰炸机

■ **基本参数对比**

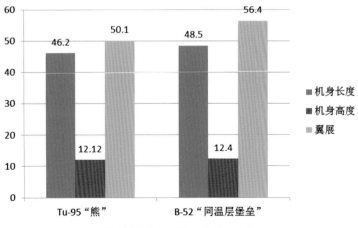

轰炸机尺寸对比（单位：米）

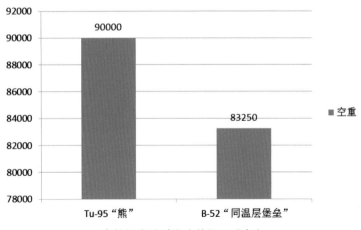

轰炸机空重对比（单位：千克）

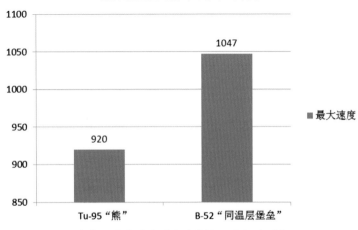

轰炸机最大速度对比（单位：千米/小时）

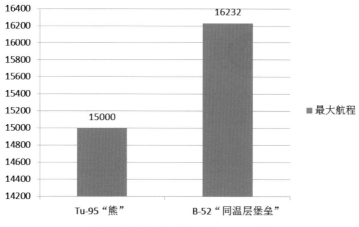

轰炸机最大航程对比（单位：千米）

■ 建造背景概述

苏联/俄罗斯Tu-95"熊"轰炸机

Tu-95轰炸机于1951年开始研制，1954年第一架原型机首次试飞，首批生产型于1956年开始交付使用。早期型生产300多架，除用作战略轰炸机之外，还可以执行电子侦察、照相侦察、海上巡逻反潜和通信中继等任务。20世纪80年代中期，Tu-95轰炸机又进行了大幅改进并恢复生产，即Tu-95MS轰炸机。

Tu-95"熊"轰炸机在高空飞行

美国B-52"同温层堡垒"轰炸机

B-52轰炸机于1948年提出设计方案，1952年第一架原型机首飞，1955年批量生产型开始交付使用，先后发展了B-52A、B-52B、B-52C、B-52D、B-52E、B-52F、B-52G、B-52H等型别。由于B-52轰炸机的升限最高可处于地球同温层，所以被称为"同温层堡垒"。1962年，B-52轰炸机停止生产，前后一共生产了744架。

B-52 "同温层堡垒" 轰炸机在高空飞行

■ 机体构造对比

苏联/俄罗斯Tu-95 "熊" 轰炸机

Tu-95轰炸机采用后掠机翼，机身细长，翼展和展弦比都很大，平尾和垂尾都有较大的后掠角。机身为半硬壳式全金属结构，截面呈圆形。机身前段有透明机头罩、雷达舱、领航员舱和驾驶舱。

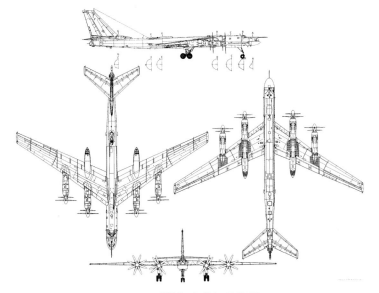

Tu-95 "熊" 轰炸机结构图

美国B-52 "同温层堡垒" 轰炸机

B-52轰炸机的机身结构为细长的全金属半硬壳式，侧面平滑，截面呈圆角矩形。前段为气密乘员舱，中段上部为油箱，下部为炸弹舱，空中加油受油口在前机身顶部。后段逐步变细，尾部是炮塔，其上方是增压的射击员舱。

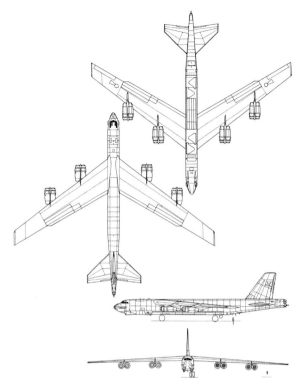

B-52"同温层堡垒"轰炸机结构图

■ 机载武器对比

苏联/俄罗斯Tu-95"熊"轰炸机

Tu-95轰炸机在机尾装有1门或2门23毫米Am-23机炮，并能携挂15000千克的炸弹和导弹，包括可使用20万吨当量核弹头的Kh-55亚音速远程巡航导弹。

Tu-95"熊"轰炸机正面视角

美国B-52"同温层堡垒"轰炸机

B-52轰炸机装有1门20毫米M61"火神"机炮，另外还可以携带31500千克各型常规炸弹、导弹或核弹，载弹量非常大。Mk 28核炸弹是B-52轰炸机的主战装备，在弹舱内特制的双层挂架上可以密集携带4枚，分两层各并列放置2枚。为增强突防能力，B-52轰炸机还装备了AGM-28"大猎犬"巡航导弹。

B-52"同温层堡垒"轰炸机正在投放炸弹

■ 动力装置对比

苏联/俄罗斯Tu-95"熊"轰炸机

Tu-95轰炸机的动力装置为4台NK-12涡轮螺旋桨发动机，单台功率为11000千瓦。每台发动机驱动两个大直径四叶螺旋桨。

展览中的NK-12涡轮螺旋桨发动机

美国B-52 "同温层堡垒" 轰炸机

B-52轰炸机动力装置为8台普惠TF33-P-3/103涡扇发动机，以两台为一组分别吊装于两侧机翼之下。

展览中的B-52 "同温层堡垒" 轰炸机所使用的发动机

■ 航电设备对比

苏联/俄罗斯Tu-95 "熊" 轰炸机

Tu-95轰炸机机头装有PBP-4型轰炸瞄准雷达，后来改用PBP-6型，频率范围估计为14775～15225兆周，搜索方位角范围360度或45度扇形，脉冲功率65千瓦，作用距离不大于200千米。该雷达为自动调频，改变频率的时间不超过4秒，可用于领航（与地面导航台配套）、轰炸和敌我识别询问应答。在受天气影响或受到干扰时，可与光学瞄准具交替使用来记录、侦听和照相，也可以与自动驾驶仪、计算机交联使用，按预定方案自动投弹。

Tu-95 "熊" 轰炸机的驾驶舱及飞行员

美国B-52"同温层堡垒"轰炸机

B-52轰炸机有多种改进型号，其中B-52G是以F型为基础的重大改进型号，全面更新了进攻电子系统，把20世纪50年代的模拟设备更新为全数字的设备。电子组件有完善的抗辐射保护。此外它还加装了综合常规外挂管理系统（ICSMS），借助可插入预编程磁带，可将各种武器的参数输入武器计算机内，从而可使用更多种类的武器。

B-52"同温层堡垒"轰炸机的驾驶舱及飞行员

4.5 长空猛兽：
美国F-111"土豚" VS 苏联/俄罗斯SU-34"鸭嘴兽"

美国F-111战斗轰炸机和苏联/俄罗斯SU-34战斗轰炸机分别诞生于20世纪60年代和90年代。F-111"土豚"是美国空军与海军联合参与设计的多用途中距离轰炸机。当时空军的设计需求是一架能够全天候、以低空高速进行远程攻击的战术轰炸机，而海军的需求则是一架能够长时间滞空的舰队防空用拦截机。但是开发中的许多问题导致舰载拦截机版本的设计（F-111B）没有实现，F-111最后仅为空军采用。SU-34"鸭嘴兽"是苏霍伊设计局研制的高机动性、全天候、超音速、双发双座战斗轰炸机，苏联解体后资金不足，直到2007年俄罗斯才宣布正式接收SU-34。它继承了SU-27战斗机家族优异的气动外形设计，最大特征是其扁平的头部，还采用了许多先进的装备，如新型火控计算机、液晶显示器、新型数据链、后视雷达等。

F-111"土豚"轰炸机示意图

SU-34"鸭嘴兽"轰炸机示意图

F-111"土豚"轰炸机

SU-34"鸭嘴兽"轰炸机

■ 基本参数对比

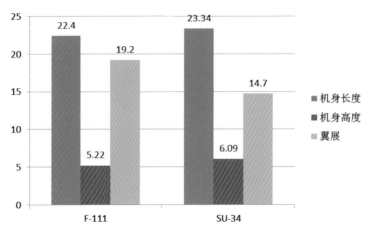

轰炸机尺寸对比（单位：米）

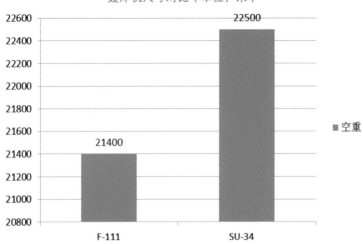

轰炸机空重对比（单位：千克）

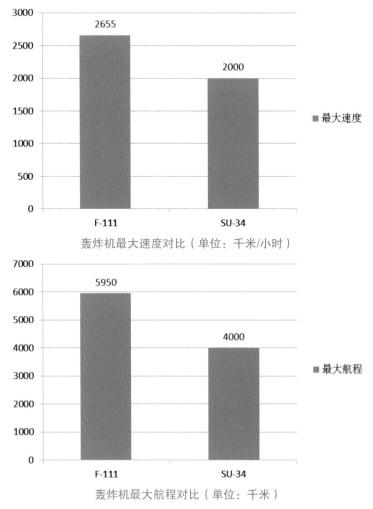

轰炸机最大速度对比（单位：千米/小时）

轰炸机最大航程对比（单位：千米）

■ 建造背景概述

美国F-111"土豚"轰炸机

　　F-111轰炸机是通用动力公司研制的超音速战斗轰炸机，也是世界上最早的实用型变后掠翼飞机，为满足空军和海军的不同作战要求，美国防部决定研制A、B两种型别，因此出现了以对地攻击为主的空军型F-111A和以对空截击（即舰队防空和护航）为主的海军型F-111B。前者的主承包商是通用动力公司，于1962年开始设计，生产了18架A型机原型机，1964年12月第一架原型机试飞，1967年10月首批生产型正式交付使用；后者主要由格鲁门公司研制，生产了5架B型机原型机，1965年5月第一架原型机试飞，但因结构超重，性能达不到要求，加之导弹火控系统的研制也遇到困难，最后于1968年停止发展，海军取消订货。从此，F-111成了纯粹的空军型飞机。该机先后有A、B、C、D、E、F、K和FB-111A等主要战斗型别，总共生产了562架，共10个型别。

F-111"土豚"轰炸机在高空飞行

苏联/俄罗斯SU-34"鸭嘴兽"轰炸机

20世纪80年代，苏联空军要求研发SU-24的后续轰炸机型，于是苏霍伊设计局以SU-27战斗机为原型制订T-10V计划，研发了SU-27的双座机型SU-34。末尾的4代表与SU-24有所关联。俄罗斯空军最初使用了SU-27IB的名称。另外海军专用型称之为SU-32FN。

俄罗斯空军开发的SU-34在1997年生产了4架。原先预订了12架，由于资金问题一度停止生产，2000年9月资金到位后重新开始生产。SU-34的量产机在2006年10月12日首飞，同年的12月15日正式配备给俄罗斯空军。2009年第二阶段的试飞成功结束，2010年由24架SU-34编成了首个实战飞行编队。针对海军的型号SU-32FN至今还没有决定是否正式配备和量产。

SU-34"鸭嘴兽"轰炸机准备起飞

■ 机体构造对比

美国F-111"土豚"轰炸机

F-111A采用了双座、双发、上单翼和倒T形尾翼的总体布局，起落架为前三点起落架。最大特点是采用了变后掠机翼，这是该技术首次应用于实用型飞机。F-111A机翼采用可变后掠翼、悬臂上单翼，无上反角。尾翼采用普通悬臂后掠尾翼。除水平尾翼翼尖和垂直尾翼中段外，均采用蜂窝壁板。机身为全金属半硬壳结构，基本结构材料为铝合金，蒙皮为蜂窝夹层壁板。在载荷集中和高温部位采用了合金钢。

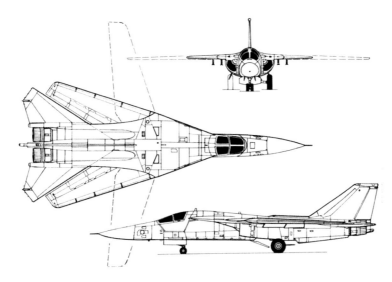

F-111"土豚"轰炸机结构图

苏联/俄罗斯SU-34"鸭嘴兽"轰炸机

SU-34继承了SU-27战斗机家族优异的气动外形设计，最大特征是其扁平的头部，原因是采用了并列双座的设计，使得其头部加大，同时为了减小体积而将头部设计成扁平。SU-34是一种三面设计，在后部有一个传统的水平尾翼，在主翼前有一个鸭翼前翼。前板提供额外的升力和更大的机动性。SU-34的全新双轮前起落架向后收起，收起方向与SU-27相反。主起落架安装了串列双轮以支持增加的着陆重量，并能在粗糙铺装跑道上起降。另一个显著特点是尾梁明显增大，增加了直径和长度，内部安装了附加设备和系统。减速伞舱位于发动机舱之间的机背位置，配备双减速伞以缩短降落滑跑距离。

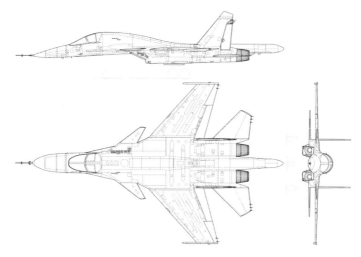

SU-34轰炸机三视图

■ 机载武器对比

美国F-111"土豚"轰炸机

F-111A武器系统包括机身弹舱和8个翼下挂架（可携带普通炸弹、导弹和核弹）。机身弹舱长5米，可挂1颗1360千克炸弹。飞机上可挂6枚AIM-54"不死鸟"空对空导弹，还装一门M61型机炮，备弹2000发。

F-111"土豚"轰炸机编队飞行

苏联/俄罗斯SU-34轰炸机

与苏联/俄罗斯任何其他战术飞机相比，SU-34能挂载更多种类的空面制导武器。弹药可挂在机身的4个外挂点、翼下的6个外挂点以及翼尖的2个外挂点上。挂

载制导炸弹时，SU-34可一次挂载6枚500千克KAB-500L或3枚1500千克KAB-1500L
激光制导炸弹，或相应的KAB-500Kr和KAB-1500Kr电视制导改型。SU-34也可以
挂载苏联/俄罗斯全系列非制导炸弹和火箭，并保留了SU-27的标准GSH-301 30毫
米机炮。机炮内置于前机身右侧边条中，最大射速为每分钟1500发，备弹150发。
除此以外还可带导弹或核弹，最大载弹量8吨多。

SU-34"鸭嘴兽"轰炸机滑行

■ 动力装置对比

美国F-111"土豚"轰炸机

　　F-111A轰炸机装有两台TF30-P-3加力涡轮风扇发动机并列装于后机身内。单
台最大推力5650千克，加力推力9500千克。燃油箱总载油量为14515千克，还可以
进行空中加油，受油口在座舱后的机身顶部。

F-111"土豚"轰炸机所使用的发动机

苏联/俄罗斯SU-34 "鸭嘴兽" 轰炸机

SU-34轰炸机的动力装置为2台"土星"AL-31FM1涡轮扇发动机。

AL-31FM1涡轮扇发动机

■ 航电设备对比

美国F-111 "土豚" 轰炸机

F-111A的电子设备包括通信系统、导航系统、火控雷达以及自卫系统。

苏联/俄罗斯SU-34 "鸭嘴兽" 轰炸机

SU-34轰炸机最重要的航电系统为头部的V004雷达，该系统由位于圣彼得堡的列尼涅兹控股公司制造，采用1250毫米×850毫米的固定天线，除了气象和导航功能外，还具有强大的搜索能力。雷达为远程探测及跟踪地面和海面目标进行了优化，获得的目标坐标能随后装订在精确制导弹药中。其次是乌拉尔光学仪器厂制造的"普拉坦"电视/激光光电系统，"普拉坦"内置于前机身中，在前机身与发动机进气口交界处有一个可收放传感器窗，不用时可以收入机身，与表面齐平以减少阻力。

F-111 "土豚" 轰炸机的驾驶舱

SU-34 "鸭嘴兽" 轰炸机的驾驶舱

第5章 武装直升机
巅峰对决

武装直升机又称攻击直升机，是一种装备进攻性武器、为执行作战任务而研制的军用直升机。主要用于攻击地面目标，如步兵、装甲车辆和建筑。其主要武器为机炮和机枪、火箭以及精密制导导弹；很多武装直升机也可以装备对空导弹，但主要用于自卫。

5.1 空中魔鬼：
苏联/俄罗斯Mi-28"浩劫" VS 美国AH-64"阿帕奇"

　　从结构布局、作战特点上看，苏联/俄罗斯Mi-28"浩劫"武装直升机无疑可以与美国AH-64"阿帕奇"武装直升机相类比。前者独特的设计与后者也有很多相似，因此也被西方戏称为"阿帕奇斯基"。Mi-28是米里设计局研制的单旋翼带尾桨全天候专用武装直升机，北大西洋公约组织给绰号为"浩劫"。与其他武装直升机相比，它的优势是"擅长夜战、擅长硬碰硬和偷袭，而且非常坚固抗弹"。AH-64"阿帕奇"武装直升机是现美国陆军主力武装直升机，发展自美国陆军20世纪70年代初的先进技术武装直升机（AAH）计划，作为AH-1"眼镜蛇"攻击直升机的后继机种，已在世界上13个国家和地区使用。AH-64以其卓越的性能、优异的实战表现，自诞生之日起，一直在世界上武装直升机综合排行榜上名列前茅。

Mi-28"浩劫"武装直升机示意图

AH-64"阿帕奇"武装直升机示意图

Mi–28 "浩劫" 武装直升机

AH–64 "阿帕奇" 武装直升机

■ 基本参数对比

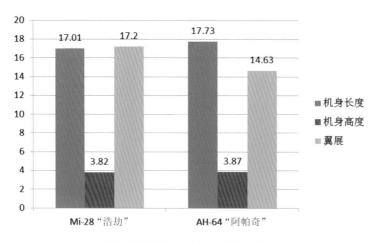

武装直升机尺寸对比（单位：米）

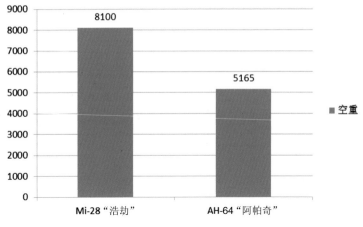

武装直升机空重对比（单位：千克）

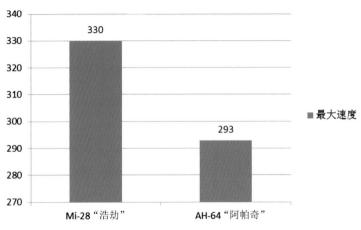

武装直升机最大速度对比（单位：千米/小时）

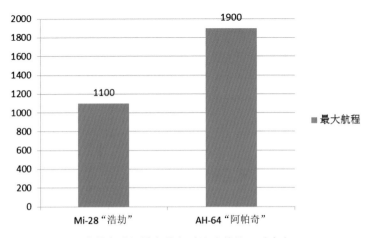

武装直升机最大航程对比（单位：千米）

■ 建造背景概述

苏联/俄罗斯Mi-28 "浩劫" 武装直升机

Mi-28直升机于1972年开始设计，1982年11月首次试飞，1989年6月完成90%的研制工作，并在法国的国际航空展上首次亮相。虽然自问世以来，Mi-28的综合性能受到俄军的高度肯定，然而苏联解体之后的俄军缺乏足够的采购经费，因此很长一段时间都无力购买。目前，俄罗斯装备了少量Mi-28直升机。此外，委内瑞拉、土耳其等国也曾少量采购。

Mi-28 "浩劫" 武装直升机编队飞行

美国AH-64 "阿帕奇" 武装直升机

20世纪70年代初期，鉴于AH-1 "眼镜蛇" 武装直升机在实战中表现良好，美国陆军决心发展一种更为先进的武装直升机，并提出了先进技术武装直升机计划，要求研制一种具备较强环境适应力，可昼夜作战且要具备较强战斗力、救生能力和生存能力的先进技术直升机。波音、贝尔、休斯、洛克希德、西科斯基五家公司参与了竞标，其中贝尔和休斯公司进入了第二阶段竞标。休斯公司的YAH-64原型机于1975年9月首次试飞，1976年5月竞标获胜，1981年正式被命名为 "阿帕奇" ，1984年1月第一架生产型交付。

AH-64"阿帕奇"武装直升机在低空飞行

■ 机体构造对比

苏联/俄罗斯Mi-28"浩劫"武装直升机

Mi-28武装直升机机身为全金属半硬壳式结构，驾驶舱为纵列式布局，四周配有完备的钛合金装甲，并装有无闪烁、透明度好的平板防弹玻璃。前驾驶舱为领航员/射手，后面为驾驶员。座椅可调高低，能吸收撞击能量。起落架为不可收放的后三点式。

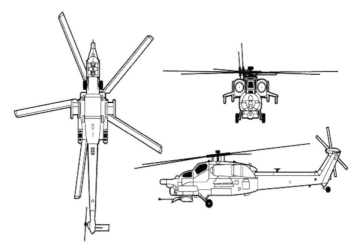

Mi-18"浩劫"武装直升机结构图

美国AH-64"阿帕奇"武装直升机

AH-64武装直升机的机身采用传统的半硬壳结构，前方为纵列式座舱，副驾驶员/炮手在前座、驾驶员在后座。驾驶员座位比前座高，且靠近直升机转动中

心，视野良好，有利于驾驶直升机贴地飞行。起落架为后三点式，支柱可向后折
叠，尾轮为全向转向自动定心尾轮。该机采用四片桨叶全铰接式旋翼系统、钢带
叠层式接头组件和弹性体摆振阻尼器。旋翼桨叶为大弯度翼型，采用了后掠桨
尖。桨叶上装有除冰装置，可折叠或拆卸。尾桨位于尾梁左侧，四片尾桨桨叶分
两组非均匀分布。

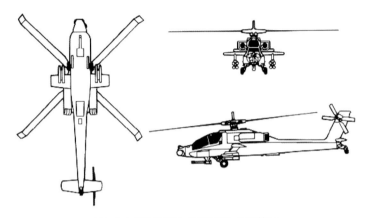

AH-64"阿帕奇"武装直升机结构图

■ 机载武器对比

苏联/俄罗斯Mi-28"浩劫"武装直升机

Mi-28武装直升机的主要武器为1门30毫米2A42机炮，备弹250发。该机有4个
武器挂载点，可挂载16枚AT-6反坦克导弹，或40枚火箭弹（两个火箭巢）。此
外，还可以挂载AS-14反坦克导弹、R-73空对空导弹、炸弹荚舱、机炮荚舱。

Mi-28"浩劫"武装直升机侧面特写

美国AH-64"阿帕奇"武装直升机

AH-64直升机的主要武器为1门30毫米M230"大毒蛇"链式机关炮，备弹1200发。该机有4个武器挂载点，可挂载16枚AGM-114"地狱火"导弹，或76枚Hydra 70 FFAR火箭弹（4个19管火箭发射巢），也可混合挂载。此外，改进型号还可使用AIM-92"刺针"、AGM-122"侧投"、AIM-9"响尾蛇"、BGM-71"拖"式等导弹。

AH-64"阿帕奇"武装直升机正在投放火箭弹

■ 动力装置对比

苏联/俄罗斯Mi-28"浩劫"武装直升机

Mi-28直升机采用2台克里莫夫设计局TV3-117发动机，单台功率为1640千瓦。

展览中的TV3-117发动机

美国AH-64"阿帕奇"武装直升机

AH-64采用两台通用动力公司T700-GE-701涡轮轴发动机,并列安装在机身的两个肩部,单台功率1265千瓦,应急功率1285千瓦。两台发动机间隔较远,即便有一台被击毁,另一台仍能保证飞行安全。

AH-64"阿帕奇"武装直升机所使用的发动机

5.2 名列前茅:
美国AH-1"眼镜蛇" VS 苏联/俄罗斯Mi-24"雌鹿" VS 苏联/俄罗斯Ka-50"黑鲨"

世界武装直升机里不乏创造多个"第一"成绩的优秀直升机。例如美国AH-1"眼镜蛇"武装直升机是20世纪60年代世界上第一种反坦克直升机,也是世界上第一种专门研制的武装直升机。苏联/俄罗斯Mi-24"雌鹿"是世界上第一代武装加运输的多用途中型直升机,不仅可以提供直接的强大火力支援,还可以运载突击分队,或护送伤员。苏联/俄罗斯Ka-50"黑鲨"多用途武装直升机在1993年首次出现在世界著名的法思伯勒航空展上,这是卡莫夫设计局的新型武装直升机首次公开亮相。Ka-50被设计成小型、轻快、灵活之余有强大生存力和攻击力的直升机,设计目标是最小最轻的范围内达到最快速度和敏捷性,它也是唯一单人操作的攻击直升机。

AH-1"眼镜蛇"武装直升机示意图

Mi-24"雌鹿"武装直升机示意图

Ka-50"黑鲨"武装直升机示意图

AH-1"眼镜蛇"武装直升机

Mi-24"雌鹿"武装直升机

Ka-50"黑鲨"武装直升机

■ 基本参数对比

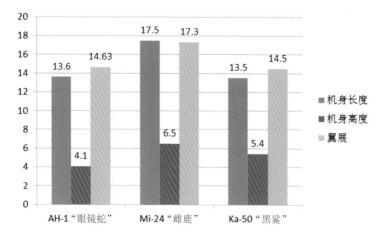

武装直升机尺寸对比（单位：米）

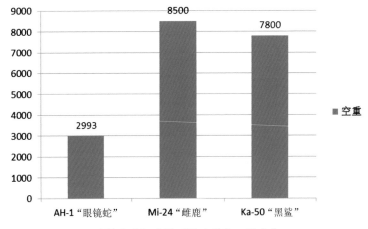

武装直升机空重对比（单位：千克）

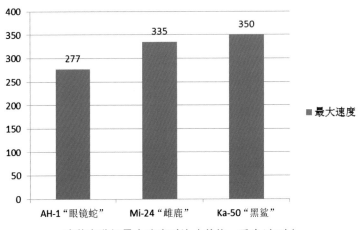

武装直升机最大速度对比（单位：千米/小时）

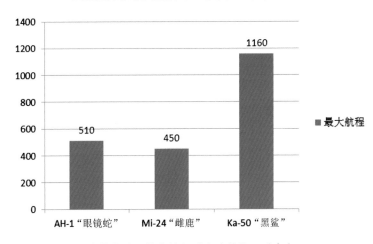

武装直升机最大航程对比（单位：千米）

■ 建造背景概述

美国AH-1"眼镜蛇"武装直升机

20世纪60年代中期，美国在越南战争中投入使用的直升机由于火力弱、装甲薄且速度缓慢，导致损失惨重。美国陆军迫切希望拥有一种高速度、重装甲、强火力的武装直升机，为运输直升机提供沿途护航，并为步兵预先提供空中压制火力。作为世界上第一代武装直升机的AH-1"眼镜蛇"武装直升机，就诞生于这样的背景之下。1965年9月，原型机首次试飞。1966年4月，美国陆军签订了第一批110架的合同。1967年6月，第一批AH-1交付并开始服役。该机的主要用户包括美国、土耳其、西班牙、约旦、巴基斯坦、以色列、智利、巴林、泰国、日本、韩国等。

AH-1"眼镜蛇"武装直升机编队飞行

苏联/俄罗斯Mi-24"雌鹿"武装直升机

1968年，苏联陆军提出了Mi-24武装直升机的设计要求，由米里担任总设计师，1969年原型机首次试飞。1970年米里去世之后，季莫申科接替了他的职务，并主持设计了后来大量装备军队的Mi-24D武装直升机。Mi-24武装直升机于1971年定型，1972年底投入批生产，随后开始装备部队使用。除了苏联/俄罗斯外，Mi-24武装直升机还出口到30多个国家，包括阿富汗、阿尔及利亚、安哥拉、印度、伊拉克、利比亚、尼加拉瓜、越南、也门等。

苏联/俄罗斯Ka-50"黑鲨"武装直升机

Ka-50武装直升机于1977年完成设计，1982年7月27日首次试飞，1984年首次对外公开，1991年开始交付使用，1992年底获得初步作战能力，1995年8月正式服役。幸运的是，在苏联解体大砍军费前，Ka-50武装直升机就已经进入了全尺寸生产阶段，所以只被减少了建造数量，整个项目并没有因此夭折。

Mi-24"雌鹿"武装直升机在低空飞行

Ka-50"黑鲨"武装直升机在高空飞行

■ 机体构造对比

美国AH-1"眼镜蛇"武装直升机

AH-1武装直升机的机身为窄体细长流线形，两侧有外挂武器的短翼，翼下各有两个武器挂架。机头突起，下方吊装机炮。座舱为纵列双座布局，射手在前，驾驶员在后。前舱门在左侧，后舱门在右侧。起落架为管状滑橇式，不可收放。单引擎型设有较突出的粗大排气管，由机身后部伸出，与大梁平行。双引擎型的发动机置于双肩，较短的排气管在机身后部并列配置，以一定角度外倾。AH-1武装直升机采用两叶旋翼和两叶尾桨，桨叶由铝合金大梁、不锈钢前缘和铝合金蜂窝后段组成，桨尖后掠。尾桨由铝合金蜂窝和不锈钢前缘及蒙皮组成，位于右侧。尾梁较长，其中部两侧有水平安定面，可增加俯仰方向的稳定性。垂尾后掠角较大，弦长较小。

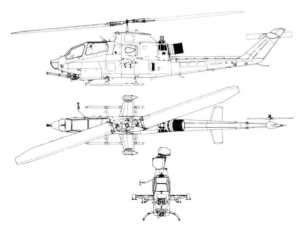

AH-1"眼镜蛇"武装直升机的结构图

苏联/俄罗斯Mi-24"雌鹿"武装直升机

Mi-24武装直升机的机身为全金属半硬壳式结构，驾驶舱为纵列式布局。前座为射手，后座为驾驶员。后座比前座高，驾驶员视野较好。座舱盖为铰接式，向右打开。驾驶舱前部为平直防弹风挡玻璃，重要部位装有防护装甲。主舱设有8个可折叠座椅，或4个长椅，可容纳8名全副武装的士兵。主舱两侧各有一个铰接舱门，水平分开成两部分，可分别向上和向下打开，舱内备有加温和通风装置。Mi-24的旋翼为传统全铰接式旋翼，有5片桨叶，等弦长翼弦。尾桨有3片桨叶，铝合金制造。

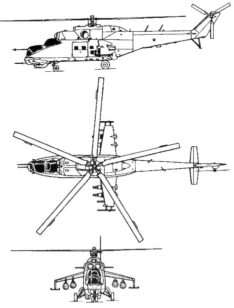

Mi-24"雌鹿"武装直升机的结构图

苏联/俄罗斯Ka-50"黑鲨"武装直升机

Ka-50机身为半硬壳式金属结构，采用单座舱设计。座舱位于机身前端，座舱内装有MiG-29战斗机的头盔显示器及其他仪表，包括飞行员头盔上的瞄准系统。另外，在仪表板中央装设了低光度电视屏幕，它可以配合夜视装备使Ka-50具有夜间飞行能力。该机是世界上第一架采用同轴反向旋翼的武装直升机，两具同轴反向旋翼装在机身中部，每具三叶旋翼，各旋翼的旋转作用力相互抵消，因此不需要尾桨，尾部也不需要再配置复杂的传统系统，整机的重量大大减轻。

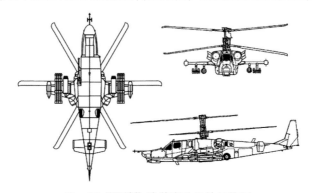

Ka-50"黑鲨"武装直升机的结构图

■ 机载武器对比

美国AH-1"眼镜蛇"武装直升机

AH-1武装直升机的主要武器为1门20毫米M197机炮（备弹750发），机身上有4个武器挂载点，可按不同配置方案选挂BGM-71"陶"式、AIM-9"响尾蛇"和AGM-114"地狱火"等导弹，以及不同规格的火箭发射巢和机枪吊舱等。主要用途是攻击装甲目标，其机身细长、正面狭窄，在一定程度上提高了生存性能，不易被攻击。

AH-1"眼镜蛇"武装直升机在高空飞行

苏联/俄罗斯Mi-24"雌鹿"武装直升机

Mi-24武装直升机的主要武器为一挺12.7毫米"加特林"四管机枪。该机有4个武器挂载点，可挂载4枚AT-2"蝇拍"反坦克导弹，或128枚57毫米火箭弹（4个UV-32-57火箭发射器）。此外，还可挂载1500千克化学或常规炸弹，以及其他武器。Mi-24的机身装甲很强，可以抵抗12.7毫米口径子弹攻击。另外，Mi-24的旋翼也可以抗击12.7毫米口径枪弹射击。

Mi-24"雌鹿"武装直升机释放彩色烟雾

苏联/俄罗斯Ka-50"黑鲨"武装直升机

Ka-50武装直升机的主要武器为一门液压驱动30毫米2A42型航炮，最大载弹500发。该机有4个武器挂载点，可挂载16枚AT-9"旋风"反坦克导弹，或80枚80毫米S8型空对地火箭（4个火箭弹舱）。此外，还可使用AS-12导弹、P-60M"蚜虫"导弹、P-73"射手"导弹、FAB-500型炸弹、23毫米机炮吊舱（2个）等。Ka-50的座舱具有双层防护钢板，能够抵挡住12.7毫米子弹的射击。座椅下方还装有蜂巢式底架，可以减缓振动，防止飞行员在坠毁或重落地时受伤。

Ka-50"黑鲨"武装直升机上方视角

■ 动力装置对比

美国AH-1"眼镜蛇"武装直升机

AH-1武装直升机采用两台通用动力公司T700-GE-401涡轮轴发动机，单台功率212千瓦。机身内设两个自密封油箱，可装燃油1153升。机身两侧短翼也可外挂2～4个油箱。该机适合海洋气候操作，占用甲板空间较小，所以在海军陆战队是不可取代的。

AH-1"眼镜蛇"武装直升机所使用的发动机

苏联/俄罗斯Mi-24"雌鹿"武装直升机

Mi-24武装直升机采用两台TV3-117涡轮轴发动机，并排安装在座舱上面，单台最大功率为1640千瓦。发动机装有8毫米厚的淬火防护钢板。主油箱位于机舱后面的机身内，软油箱位于机舱底部。

苏联/俄罗斯Ka-50"黑鲨"武装直升机

Ka-50武装直升机采用与Mi-24武装直升机相同的发动机——TV3-117涡轮轴发动机，每台功率1640千瓦。发动机前面装有防尘罩，排气口处设有向上排气的转向器。

展览中的TV3-117发动机

5.3 博采众长:
德/法/西班牙"虎" VS 南非CSH-2
"石茶隼" VS 意大利A129"猫鼬"

德/法/西班牙"虎"是一款欧洲直升机公司生产的攻击直升机,它深刻地反映了欧洲政治、军事、经济的一些基本问题,由于初期计划的一再拖延,使得它等到正式服役时已经变得落伍了。南非CSH-2"石茶隼"武装直升机由南非阿特拉斯公司研制,主要任务是在有各种苏制地对空导弹的高威胁环境中进行近距离空中支援和反坦克、反火炮作战,以及为其他直升机护航。由于南非有独特的地貌特征,所以"石茶隼"直升机有着它独特的优点,它出勤率高、精确性强、适应性和生存能力都较强、维护较简便,同时还可以抵抗风沙。意大利A129"猫鼬"是意大利阿古斯塔公司在20世纪80年代研制的反坦克直升机,因为当时研制"虎"式攻击直升机还没有服役,所以A129"猫鼬"直升机是当时最先进的西欧现役武装直升机。该机具有高规避和抗干扰能力、昼夜作战能力,还可用于反坦克、对地火力支援、侦察等多种用途。

"虎"式武装直升机示意图

CSH-2"石茶隼"武装直升机示意图

A129"猫鼬"武装直升机示意图

"虎"式武装直升机

CSH-2"石茶隼"武装直升机

A129"猫鼬"武装直升机

■ 基本参数对比

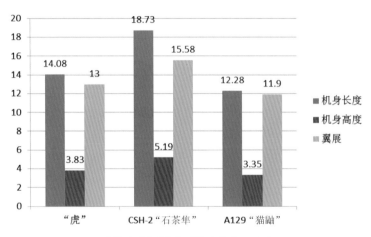

武装直升机尺寸对比（单位：米）

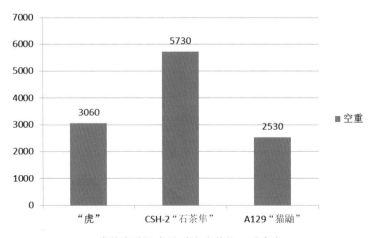

武装直升机空重对比（单位：千克）

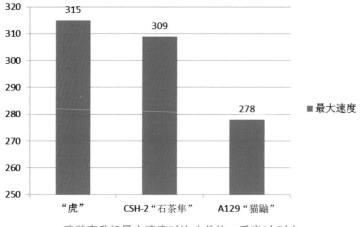

武装直升机最大速度对比（单位：千米/小时）

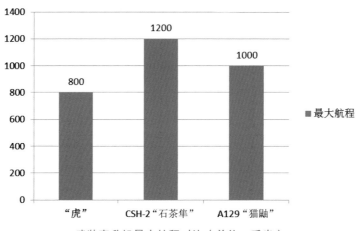

武装直升机最大航程对比（单位：千米）

■ 建造背景概述

德/法/西班牙"虎"式武装直升机

20世纪70年代，鉴于专用武装直升机在局部战争中的出色表现，世界各国纷纷研制装备这一机种。当时，法国和德国分别装备了"小羚羊"武装直升机和Bo 105P武装直升机，但都是由轻型多用途直升机改装而来。因此，两国决定以合作形式，研制一种专用武装直升机——"虎"式武装直升机。该机于1984年开始研制，1991年4月原型机首飞，1997年首批交付法国。

南非CSH-2"石茶隼"武装直升机

出于各方面的原因，南非军队在20世纪90年代以前要长期面对直接作战任务。这些任务往往规模小但强度大，因此南非军队对装备的要求很高，最重要的要求是独立作战能力必须非常好，性能要可靠，对后勤维护依赖程度低。经不断努力，南非的地面装备均达到了上述要求。此后，南非陆军又着手研制一种具有世界先进水平的武装直升机，为地面提供支援，这就是CSH-2"石荼隼"武装直升机。该直升机于1984年开始研制，1990年2月首次试飞，1995年投入使用。

"虎"式武装直升机在湖泊上空飞行

CSH-2"石荼隼"武装直升机在低空飞行

意大利A129"猫鼬"武装直升机

20世纪60～70年代，美军在越南的作战已经显示出直升机的重要作用。为满足意大利陆军对专用轻型反坦克直升机的需求，阿古斯塔公司于1978年开始研制A109武装直升机。但意大利军方认为A109不能完全满足要求，于是阿古斯塔研制了全新的A129"猫鼬"武装直升机。该机于1983年9月首次试飞，同年开始服役。为了能够在国际市场占据一席之地，阿古斯塔公司还推出了A129国际型。

停机坪上的A109"猫鼬"武装直升机

■ 机体构造对比

德/法/西班牙"虎"式武装直升机

　　"虎"式武装直升机的机身较短，大梁短粗。机头呈四面体锥形前伸，座舱为纵列双座，驾驶员在前座，炮手在后座，与目前所有其他武装直升机相反。座椅分别偏向中心线的两侧，以提升在后座的炮手的视野。机身两侧安装短翼，外段内扣下翻，各有两个外挂点。两台发动机置于机身两侧，每台前后各有一个排气口。起落架为后三点式轮式。机体广泛采用复合材料，隐身性能较佳。该机采用全复合材料轴承的四桨叶无铰旋翼系统，尾桨为三叶，安装在垂尾的右侧，平尾置于尾梁后和垂尾前，在两端还装有与垂尾形状相同，但尺寸略小的副垂尾。

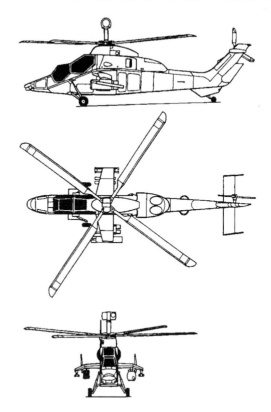

"虎"式武装直升机结构图

南非CSH-2"石茶隼"武装直升机

CSH-2武装直升机的座舱和武器系统布局与美国AH-64"阿帕奇"武装直升机很相似：机组为飞行员、射击员两人。纵列阶梯式驾驶舱使机身窄而细长。后三点跪式起落架使直升机能在斜坡上着陆，增强了耐坠毁能力。两台涡轮轴发动机安装在机身肩部，可提高抗弹性。采用了两侧短翼来携带外挂的火箭、导弹等武器。前视红外、激光测距等探测设备位于机头下方的转塔内，前机身下安装有外露的机炮。与"阿帕奇"不同的是，"石茶隼"的炮塔安装在机头下前方，而不是在机身正下方。这个位置使得机炮向上射击的空间不受机头遮挡，射击范围比"阿帕奇"大得多。"石茶隼"的驾驶舱舒适，自动化程度高，这对恶劣条件下保持机组战斗力很有好处。驾驶舱朝各个方向的视界都较强。射击员舱有全套操纵装置，如果驾驶员受伤不能驾驶时，射击员也能操纵直升机。通常，射击员在前座更方便瞄准、射击，但由于"石茶隼"能把探测到的目标信息传输到后座瞄准显示器，所以射击员位置虽然在后座，也能顺利完成瞄准射击。两名飞行员都能在各自的显示器上观察目标图像。

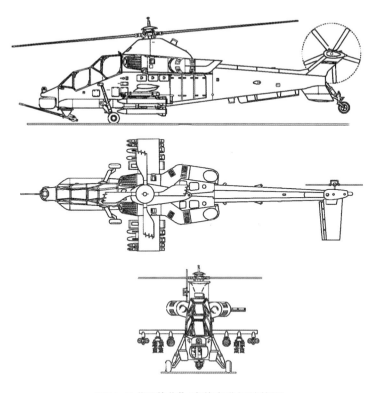

CSH-2"石茶隼"武装直升机结构图

意大利A129"猫鼬"武装直升机

A129采用了武装直升机常用的布局，纵列串列式座舱，副驾驶/射手在前，飞行员在较高的后舱内，均有坠机能量吸收座椅。机身装有悬臂式短翼，为复合材料，位于后座舱后的旋翼轴平面内。每个短翼装有2个外挂架，可外挂1000千克的武器。采用抗坠毁固定式后3点起落架。机身结构设计主要为铝合金大梁和构架组成的常规半硬壳式结构。中机身和油箱部位由蜂窝板制成。复合材料占整个机身重量（发动机重量除外）的45%，占空重的16.1%，主要用于机头整流罩、尾梁、尾斜梁、发动机短舱、座舱盖骨架和维护壁板。

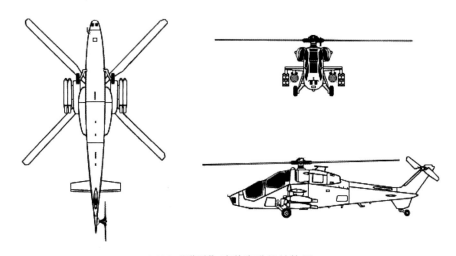

A129"猫鼬"武装直升机结构图

■ 机载武器对比

德/法/西班牙"虎"式武装直升机

"虎"式武装直升机装有一门30毫米机炮，另可搭载8枚"霍特"2或新型PARS-LR反坦克导弹、4枚"毒刺"或"西北风"红外寻的空对空导弹。此外，还有两具22发火箭吊舱。该机的机载设备较为先进，视觉、雷达、红外线、声音信号都减至最低水平。"虎"式武装直升机能够抵御23毫米自动炮火射击，其旋翼由能承受战斗破坏的纤维材料制成，并且针对雷电和电磁脉冲采取了防护措施。

南非CSH-2"石茶隼"武装直升机

CSH-2武装直升机装有1门20毫米GA机炮。每个后掠式短翼装有3个挂架，两个内侧挂架可挂载68毫米火箭发射器，两个外侧挂架能挂容量为330升的可抛投油箱或ZT-3"蛇鹈"激光制导反坦克导弹，两个翼尖挂架则各能挂载1枚V3B"短刀"红外制导短距空对空导弹，在飞行员的头盔瞄准器没有对准目标的情况下也可发射并击中目标。CSH-2武装直升机的驾驶舱舒适，自动化程度高，这对恶劣条件下保持机组战斗力很有好处。

停机坪中的"虎"式武装直升机

CSH-2"石茶隼"武装直升机下方视角

意大利A129"猫鼬"武装直升机

A129武装直升机在4个外挂点上可携带1200千克外挂物，通常携带8枚"陶"式反坦克导弹、2挺机枪（机炮）或81毫米火箭发射舱。另外，A129直升机也具备携带"毒刺"空对空导弹的能力。该机有着完善的全昼夜作战能力，它有两台计算机控制的综合多功能火控系统，可控制飞机各项性能。机上装有霍尼韦尔公司生产的前视红外探测系统，使得飞行员可在夜间贴地飞行。头盔显示瞄准系统使驾驶员和武器操作手均可迅速地发起攻击。

A129"猫鼬"武装直升机在沙漠地区飞行

■ 动力装置对比

德/法/西班牙"虎"式武装直升机

"虎"式武装直升机采用两台博梅卡–罗尔斯罗伊斯生产的MTU–MTR390涡轴发动机，每台功率为873千瓦。有些改型使用增强发动机，如HAD型和其中一些UHT型。

"虎"式武装直升机使用的MTU–MTR390涡轴发动机

南非CSH-2"石茶隼"武装直升机

CSH-2装有两台大功率涡轮轴发动机，每台功率1.356兆瓦，具有足够的动力和良好的应急功率，能承载更多的油料和武器弹药。巡航速度287千米/小时，航程达700~1200千米。

CSH-2"石茶隼"武装直升机使用的发动机模型

意大利A129"猫鼬"武装直升机

A129采用2台劳斯莱斯"宝石"发动机，单台额定功率为772千瓦。A129采用了分开隔离的两套燃油系统，但两套供油线路可交叉供油。供油管线和油箱都有自封闭功能，油箱进行了专门的抗坠毁设计。发动机由装甲防火板隔开。排气管可安装红外抑制装置。当传动装置被击中，润滑油外漏时，A129还能坚持飞行30分钟。

A129"猫鼬"武装直升机使用的发动机

第6章 无人作战飞机
巅峰对决

无人作战飞机是世界强国无人作战系统竞争之焦点。从无人作战飞机的战场功能与发展路径看，无人作战飞机区别于之前的无人侦察机，它是在无人侦察机的基础上发展起来的。

6.1 独具一格：
法国"神经元" VS 英国"雷神" VS 美国"复仇者" VS 德国/西班牙 "梭鱼"

无人作战飞机（以下简称无人机）是一种全新的空中武器系统，它从过去主要是执行空中侦察、战场监视和战斗毁伤评估等任务的作战支援装备，升级成为能执行压制敌防空系统、对地攻击的主要作战装备之一。20世纪90年代，美国抢先将其列入军事装备发展计划，引起各国军界极大关注，兴起了世界范围的研制战斗无人机的热潮。"神经元"无人机由法国领导，瑞典、意大利、西班牙、瑞士和希腊参与，可以在不接受任何指令的情况下独立完成飞行，并在复杂飞行环境中进行自我校正，此外它在战区的飞行速度超过现有一切侦察机。英国"雷神"是英国国防部研发中的最新无人机的代号，是一款三角翼高科技无人机，具备隐身功能与自动防卫能力，可做跨越洲际飞行。"复仇者"是由美国通用原子公司研制的具备隐身能力的喷气推进式远程无人机，是在MQ-9"收割者"无人机的基础上，为应对美军未来空战需求而后续开发的新机型。"梭鱼"无人机是目前欧洲研发的最大的无人机，由欧洲航空防务与航天集团公司军用飞机分部研制，德国和西班牙承担主要研制任务。它采用先进的光电传感系统、红外传感系统和激光目标指示系统，而且为防受制于美国，将采用"伽利略"卫星导航系统。它还配备高空长程侦察系统，不但能使用机载武器对目标实施直接摧毁，还具备出色的侦察能力。

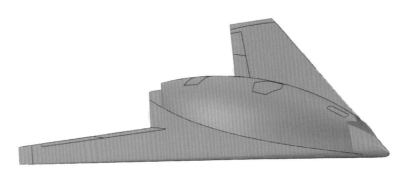

"神经元"无人机示意图

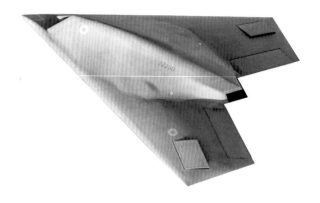

"雷神"无人机示意图

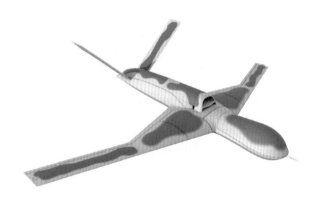

"复仇者"无人机示意图

"梭鱼"无人机示意图

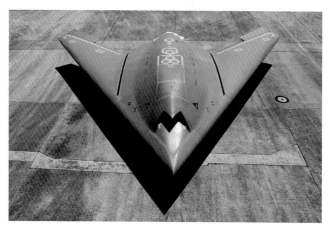

"神经元"无人机

"雷神"无人机

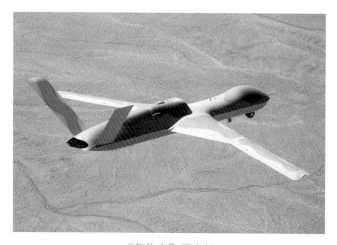

"复仇者"无人机

"梭鱼"无人机

■ **基本参数对比**

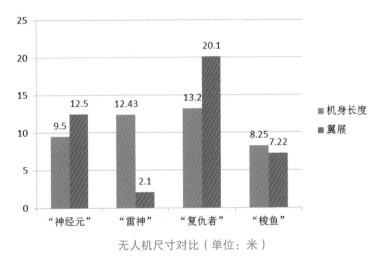

无人机尺寸对比（单位：米）

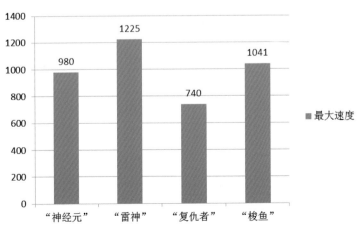

无人机最大速度对比（单位：千米/小时）

■ 建造背景概述

法国"神经元"无人机

欧洲无人战斗机"神经元"由法国领导，瑞典、意大利、西班牙、瑞士和希腊参与。可以在不接受任何指令的情况下独立完成飞行，并在复杂飞行环境中进行自我校正，此外它在战区的飞行速度超过现有一切侦察机。2012年11月，"神经元"无人机在法国伊斯特尔空军基地试飞成功。法国国防部称其开创了新一代战斗机的纪元。

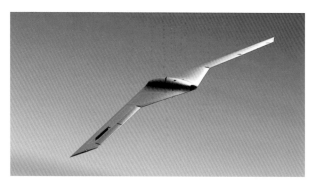

"神经元"无人机后侧方特写

英国"雷神"无人机

2006年初，英国宇航系统公司公开了"雷神"无人机的一些基本情况。同年12月7日，英国国防部在对总体方案进行了全面细致的评审后，将一项价值1.24亿英镑的合同正式授予英国宇航系统公司领导的研制团队。2007年11月20日，英国宇航系统公司在兰开夏郡的工厂内举行了机体加工启动仪式。2010年7月12日，"雷神"无人机进行了公开展示。2013年8月10日，"雷神"无人机首次试飞成功。

展览中的"雷神"无人机

美国"复仇者"无人机

　　"复仇者"是在MQ-9"收割者"无人机的基础上研制而成，是为美国未来空战需求而开发的新型无人机。最初的研制代号为"捕食者"C（Predator C）。原型机于2009年4月进行了首次试飞。

"复仇者"无人机在高空飞行

德国/西班牙"梭鱼"无人机

　　"梭鱼"无人机是目前欧洲研发的最大的无人机，由欧洲航空防务与航天集团公司（EADS）军用飞机分部研制，德国和西班牙承担主要研制任务。"梭鱼"无人机项目自2002年启动，为确保它跻身世界先进无人机之列，设计方案经过了多次改动。

正在起飞的"梭鱼"无人机

■ 机体构造对比

法国"神经元"无人机

　　"神经元"无人机在外形设计和气动布局上，借鉴了B-2A隐身轰炸机的设计，采用了无尾布局和翼身完美融合的外形设计，其W形尾部、直掠三角机翼以及锯齿状进气口遮板几乎就是B-2的缩小版。在机体材料选择上，该机采用全复合材料结构，雷达辐射能量少。此外，由于该无人机没有驾驶员座舱，体积和重量的减少使其在隐身方面具有有人机难以媲美的先天优势。

英国"雷神"无人机

"雷神"无人机采用了大后掠前缘的翼身融合体布局，机身和机翼的后缘分别对应平行于前缘，可以有效地提供升力，实现更大的续航能力，从而确保具有跨大洲攻击的威力。该机大量应用了低可侦测性复合材料，且制造精度非常高。

美国"复仇者"无人机

"复仇者"无人机采用V形尾翼，背部进气，发动机推力约4800磅（2177.2千克）。通用原子公司透露，该机在试验中的速度相当高，大大增强了战场生存能力，其任务飞行高度通常在6万英尺（18288米）。"复仇者"的翼展达66英尺（20.1米）。

德国/西班牙"梭鱼"无人机

"梭鱼"无人机的机身结构和机翼全部采用碳纤维复合材料，不仅减轻了重量，还增加了隐形能力。

■ 机载武器对比

法国"神经元"无人机

"神经元"无人机可以在不接受任何指令的情况下独立完成飞行，并在复杂飞行环境中进行自我校正，此外它在战区的飞行速度超过现有一切侦察机。"神经元"无人机能在其他无人侦察机的配合下，反复在敌方核生化制造和储存地区进行巡逻、侦察和监视，一旦发现目标便可根据指令摧毁这些目标。该机也可在前方空中控制员的指挥下，与地面力量密切配合，执行由武装直升机和攻击机完成的近距空中支援任务。

"神经元"无人机（左）、"阵风"战斗机（右下）和"猎鹰"7X运输机（右上）

英国"雷神"无人机

"雷神"无人机可以使用4枚"地狱火"空对地导弹、2枚"铺路"激光制导炸弹和2枚900千克炸弹的武器配置。

美国"复仇者"无人机

"复仇者"有一个长达3米的武器舱，可携带227千克级炸弹，包括GBU-38型制导炸弹制导组件和激光制导组件。另外还可以将该机的武器舱拆掉，安装一个半埋式广域监视吊舱。在执行非隐身任务时，可在该机的机身和机翼下挂装武器和其他任务载荷，包括附加油箱。

德国/西班牙"梭鱼"无人机

随着技术的完善，未来"梭鱼"无人机将具备自主飞行能力，并且可以通过数据链随时接收新的任务数据，增强任务机动性。未来"梭鱼"无人机还将具备较强的战场感知能力，可以随时更改任务模式。

"雷神"无人机在高空飞行

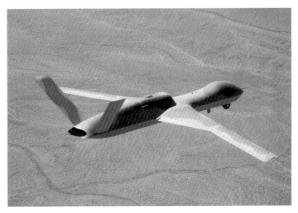

"复仇者"无人机后侧方特写

正在高空飞行的"梭鱼"无人机

■ 动力装置对比

法国"神经元"无人机

"神经元"无人机有效载荷超过1吨，采用1台阿杜尔（Adour）发动机，续航时间超过3小时，具有航程远、滞空时间长等基本特点。

英国"雷神"无人机

"雷神"无人机的动力装置是1具劳斯莱斯公司阿杜尔MK951型发动机，配合其新型涡轮，可提供强大的推力，确保"雷神"拥有出色的续航力。发动机进气道的后部管道采用了先进的纤维铺设技术，可有效躲避雷达的探测。

美国"复仇者"无人机

"复仇者"无人机体积庞大，可搭载1.36吨的有效载荷，发动机为推力高达2177千克的普惠PW545B喷气发动机。该发动机可让"复仇者"无人机的飞行速度达到"捕食者"无人机的3倍以上。

德国/西班牙"梭鱼"无人机

"梭鱼"无人机的发动机进气道位于机背，最大有效载荷超过300千克，这也是欧洲当前在研无人机系统中最大的。由于该机只是作为一个技术验证平台，将来也不会投入生产线。

6.2 赫赫有名：
美国MQ-9"收割者" VS 以色列"哈比" VS 美国MQ-1"捕食者"

近年来，美国国防部将无人作战技术作为一项可以改变"战场游戏规则"的颠覆性技术加以大力发展，并列入美军第三次"抵消战略"发展规划。世界其他军事大国也纷纷制订了雄心勃勃的无人作战系统发展计划，极力争夺未来军事竞争制高点，例如世界著名的MQ-9"收割者"无人机、"哈比"无人机和MQ-1"捕食者"无人机。美国MQ-9"收割者"无人机是一种极具杀伤力的新型无人作战飞机，并可以执行情报、监视与侦察任务。美国空军于2007年3月组建了"收割者"无人机攻击中队，还成立了专门的"死神"无人机工作组，开始研究战术、训练机组人员和进行实战演练。以色列"哈比"无人机是以色列航空工业公司在20世纪90年代研制的，可以从卡车上发射，还可对雷达系统进行自主攻击。"哈比"无人机的设计目标是攻击雷达系统，它还配备有反雷达感应器和一枚炸弹，接受到敌人雷达探测时，可以自主对雷达进行攻击，因此被称为"空中女妖"和"雷达杀手"。美国MQ-1"捕食者"被定类为无人飞行机，由美国通用公司所研发及制造，2005年正式出现成为一种多功能的载具。目前该机装备于美国空军的第11及第15侦测纵队，在波斯尼亚、也门、阿富汗和伊拉克等地的使用也非常成功。

MQ-9"收割者"无人机示意图

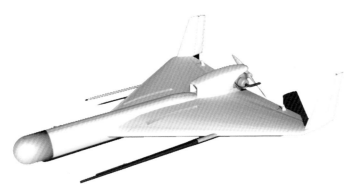

"哈比"无人机示意图

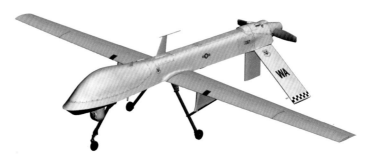

MQ-1"捕食者"无人机示意图

MQ-9"收割者"无人机

"哈比"无人机

MQ-1"捕食者"无人机

■ 基本参数对比

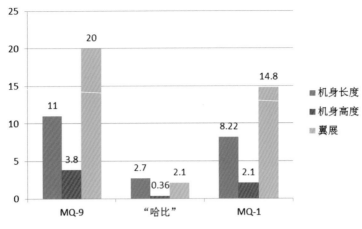

无人机尺寸对比（单位：米）

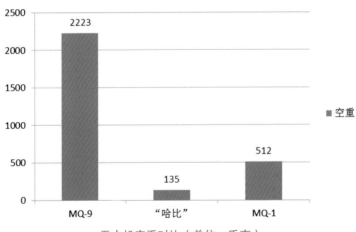

无人机空重对比（单位：千克）

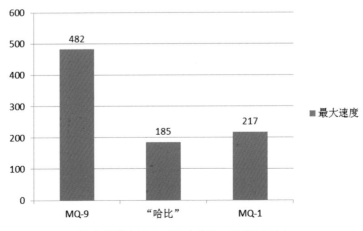

无人机最大速度对比（单位：千米/小时）

■ 建造背景概述

美国MQ-9"收割者"无人机

1994年1月，美国通用原子技术公司获得了美国空军的中高度远程"捕食者"无人机计划的合同。在竞争中击败诺斯罗普·格鲁曼公司后，通用原子技术公司于2002年12月正式收到美国空军的订单，制造2架"捕食者"B型无人机，之后正式命名为MQ-9"收割者"。截至2016年12月，美国空军已经装备了超过160架MQ-9无人机。

MQ-9"收割者"无人机在高空飞行

以色列"哈比"无人机

"哈比"无人机于1997年在法国巴黎航展上首次公开露面，除装备以色列空军外，韩国于2000年耗资5200万美元向以色列引进了100架"哈比"无人机。此外，土耳其和印度也有装备。

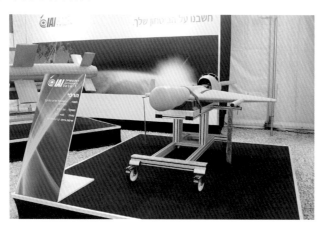

展览中的"哈比"无人机

美国MQ-1"捕食者"无人机

1994年1月，美国通用原子技术公司取得"先进概念技术验证机"计划的研制合同。1994年7月，原型机成功进行首次试飞。1995年初，被命名为RQ-1的新型无人机进入美国空军服役。2001年，RQ-1无人机携带AGM-114"地狱火"导弹和FIM-92"刺针"导弹试飞成功，装备了武器的"捕食者"无人机被重新命名为MQ-1。自服役以来，"捕食者"无人机参加过阿富汗、波斯尼亚、塞尔维亚、伊拉克、也门和利比亚的战斗。

MQ-1"捕食者"无人机前侧方特写

■ 机体构造对比

美国MQ-9"收割者"无人机

尽管MQ-9无人机和MQ-1无人机在尺寸和性能上存在差别，但两者仍然共用相同的控制界面。每架MQ-9无人机都配备一名飞行员和一名传感器操作员，他们在地面控制站内实现对MQ-9无人机的作战操控。飞行员虽然不是在空中亲自驾驶，但他手中依旧操纵着控制杆，同样拥有开火权，而且还要观测天气，实施空中交通控制，施展作战战术。

以色列"哈比"无人机

"哈比"无人机采用三角形机翼，活塞推动，火箭加力。机上配有计算机系统、红外制导弹头和全球定位系统等，并用软件对打击目标进行了排序。它可以从卡车上发射，并沿着预先设定的轨道飞向目标所在地，然后发动攻击并返回基地。"哈比"无人机具有航程远、续航时间长、机动灵活、反雷达频段宽、智能化程度高、生存能力强和可以全天候使用等特点。

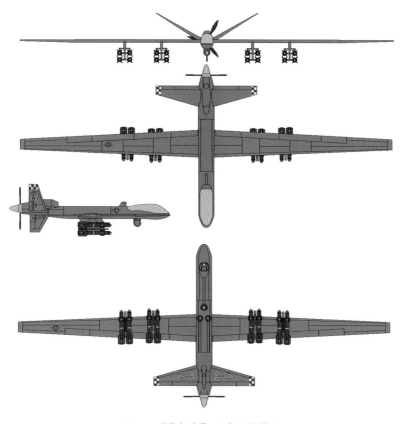

MQ-9"收割者"无人机结构图

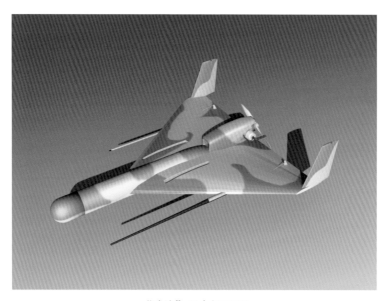

"哈比"无人机3D图

美国MQ-1"捕食者"无人机

MQ-1无人机采用低置直翼、倒V形垂尾、收放式起落架、推进式螺旋桨，传感器炮塔位于机头下面，上部机身前方呈球茎状。

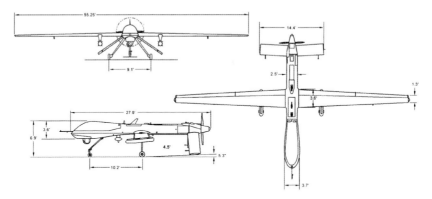

MQ-1"捕食者"无人机结构图

■ 机载武器对比

美国MQ-9"收割者"无人机

MQ-9无人机的机载武器包括：2枚GBU-12激光制导炸弹和4枚AGM-114"海尔法"空地导弹，227千克的"联合直接攻击弹药"和113.5千克的小直径炸弹。

MQ-9"收割者"无人机正在发射导弹

以色列"哈比"无人机

"哈比"无人机的攻击系统由"哈比"无人机及用于控制和运输的地面发射平台组成。一个基本火力单元由54架无人机、1辆地面控制车、3辆发射车和辅助设备组成。每辆发射车装有9个发射装置，发射箱按照三层三排布置，每个发射箱可装2架无人机，因此一辆发射车装载18架无人机。

展览中的"哈比"无人机

美国MQ-1"捕食者"无人机

MQ-1"捕食者"可以携带两枚AGM-114"地狱火"导弹或FIM-92"刺针"导弹，但其主要执行侦察任务。

准备发射的MQ-1"捕食者"无人机

■ 动力装置对比

美国MQ-9"收割者"无人机

MQ-9"收割者"使用一台功率为900马力的涡轮螺旋桨发动机，它的飞行速度可以达到"捕食者"的3倍。

以色列"哈比"无人机

"哈比"无人机的动力装置为1台英国无人机引擎有限公司（UEL）生产的气冷活塞发动机AR731。该机采用普通车用汽油或航空汽油作为燃料。

美国MQ-1"捕食者"无人机

MQ-1无人机的动力装置为一台罗塔克斯914F涡轮增压四缸发动机，最大功率为86千瓦。

参考文献

[1] 军情视点. 全球战机图鉴大全. 北京：化学工业出版社，2016.

[2]《深度军事》编委会. 全球战机TOP精选. 北京：清华大学出版社，2017.

[3] 李大光. 360° 全解兵器. 成都：四川少儿出版社，2017.

[4]《深度军事》编委会. 早期经典战机鉴赏指南. 北京：清华大学出版社，2014.